Wladimir Gubarew

Arsamas-16

Wissenschaftler der geheimen russischen Atomstadt brechen das Schweigen

Aus dem Russischen von
Susanne Rödel

Verlag Volk & Welt
Berlin

Titel der russischen Originalausgabe
Arzamas-16.

Mit einem Vorwort
von Christian Spiering

Inhalt

Vorwort

Im Jahre 1946 wurde etwa 150 km von Gorki (heute wieder Nishni Nowgorod), nahe der Stadt Arsamas, ein streng geheimes Kernwaffenlaboratorium gegründet. In diesem Institut wurde die erste sowjetische Atombombe gebaut. Hier entwickelte man auch, unter maßgeblicher Beteiligung von Andrej Sacharow, die sowjetische Wasserstoffbombe.

Bis in die jünste Vergangenheit unterlag alles, was mit der Kernwaffenproduktion der UdSSR zusammenhing, einer geradezu hypochondrischen Geheimhaltung. Erst im Gefolge des politischen und ökonomischen Umbruchs der letzten zwei bis drei Jahre wird diese Geheimhaltung schrittweise aufgelockert.

Wladimir Gubarew, bekannt u. a. durch sein Theaterstück »Der Sarkophag« (dt. 1987) über die Tragödie von Tschernobyl, hatte als Wissenschaftsredakteur der »Prawda« über viele Jahre hinweg Kontakte zum Nuklearbereich, die für andere völlig undenkbar waren. So gelang es ihm 1992 auch als erstem, einige der heute noch auf ihrem Gebiet arbeitenden Protagonisten der sowjetischen Kernwaffenproduktion zu Interviews zu bewegen. Das Erscheinen dieser Gespräche kann angesichts der traditionellen sowjetischen Abschottung im Nuklearbereich als aufsehenerregendes Novum gewertet werden.

Die eigentlichen Ursprünge des sowjetischen »Uranprogramms« werden in dem Interview mit Juli

Chariton berührt. Chariton, trotz seines biblischen Alters noch immer als Wissenschaftlicher Direktor des Nuklearzentrums in Arsamas-16 tätig, hat die Schule von Abram Joffes legendärem Physikalisch-Technischen Institut (Phystech) in Leningrad durchlaufen, aus der der größte Teil der sowjetischen Physikerelite und damit auch des Uranprojekts hervorging. Die Berechnungen, die er und Jakow Seldowitsch schon 1939 angestellt hatten, legten die Möglichkeit nahe, auf der Basis von Uran-235 eine Bombe bauen zu können. Zusammen mit Igor Kurtschatow, dem »Vater der sowjetischen Atombombe«, war er die treibende Kraft in dem im Sommer 1940 gebildeten »Urankomitee« der sowjetischen Akademie.

Wirkliche Dynamik gewann das Uranprogramm erst Ende 1942. Seit Herbst 1941 hatte der junge Kernphysiker Georgi Flerow, Entdecker des spontanen radioaktiven Zerfalls des Urans, in schrittweise immer weiter nach oben adressierten Briefen auf die Möglichkeit des Baus einer Superwaffe aus Uran oder Plutonium hingewiesen. Entscheidend war aber der Umstand, daß der Geheimdienst NKWD beunruhigende Informationen aus England und den USA erhielt. Der deutsche Physiker Klaus Fuchs, Anfang der dreißiger Jahre aus Deutschland nach England emigriert, arbeitete dort im Atomforschungszentrum Harwell und hatte 1941 Verbindungen zum sowjetischen Geheimdienst aufgenommen.

Am 28.9.1942 unterzeichnete Stalin eine Regierungsorder, in der er das Phystech anwies, die Arbeiten zum Uranproblem zu forcieren. Obwohl schon damals das NKWD eine wichtige Rolle im Uranprojekt spielte, war der offiziell Verantwortliche zunächst noch Außenminister Molotow. Die eigentlichen administrativen Arbeiten leistete der Volkskommissar für die Chemische Industrie Perwuchin. Zum Wissenschaftlichen Leiter wurde Kurtschatow berufen, der seinerseits zunächst Chariton dafür vorgeschlagen hatte.

Kurtschatow und seine junge Führungsmannschaft, alle zwischen 30 und 40 Jahre alt, leiteten eine breite Forschungs- und Entwicklungsarbeit ein. Sie machten Uranminen ausfindig, suchten nach Verfahren zur Reinigung des Urans, stellten umfangreiche Berechnungen und Versuche zur Konstruktion eines Kernreaktors an, untersuchten Möglichkeiten zur Trennung der Uranisotope U-235 und U-238, nahmen den Bau eines Zyklotrons zur Plutoniumgewinnung in Angriff und beschäftigten sich mit der Plutoniummetallurgie. Das Zentrum der Untersuchungen lag dabei schon nicht mehr in Leningrad, sondern in Moskau. Es war das »Laboratorium Nr. 2«, heute das Kurtschatow-Institut für Atomenergie.

Bis Mitte 1945 gelangen sowohl theoretisch wie auch experimentell bemerkenswerte Fortschritte, nicht jedoch die entscheidenden Durchbrüche. Das sollte sich ändern, nachdem die Amerikaner die Atombomben auf Hiroshima und Nagasaki geworfen hatten. Jetzt erhielt das Uranprojekt uneingeschränkte Priorität. Am 20. August, zwei Wochen nach dem Bombenabwurf auf Hiroshima, wurde ein Sonderkomitee gebildet, dessen Aufgabe es war, alle wissenschaftlichen, wirtschaftlichen und materiellen Ressourcen des Landes auf den Bau einer Atombombe zu konzentrieren. Vorsitzender des Sonderkomitees war Lawrenti Berija, der berüchtigte Geheimdienstchef.

Berija, seit 1938 an der Spitze des NKWD, war Herr über den Archipel GULAG, die abgeschlossene Welt der sowjetischen Straflager. Er hatte daher unmittelbare Verfügungsgewalt über ein Millionenheer von Zwangsarbeitern, mit dem er nun begann, den Nuklear-Archipel zu errichten, ein Netz von geheimen Forschungsstätten, Fabriken, Uranminen und Testgeländen, das die Sowjetunion von Europa bis nach Sibirien überzog. Inoffizielle Hauptstadt dieses Archipels wurde Arsamas-16.

Dem Sonderkomitee gehörten neben Berija weitere acht Mitglieder an. Vier von ihnen werden in diesem Buch mehrfach erwähnt: Igor Kurtschatow, der Munitionsminister Boris Wannikow, der Minister für Chemische Industrie Michail Perwuchin und der Stellvertretende NKWD-Vorsitzende Awrami Sawenjagin. Sie waren es auch, die, ständig beargwöhnt von Berija und ausgestattet mit den weitestgehenden Vollmachten, das Bombenprojekt vorantrieben.

Im Dezember 1946 wurde von Kurtschatow selbst im »Laboratorium Nr. 2« der erste Experimentalreaktor angefahren. Gleichzeitig stampften in Sibirien, unweit von Tscheljabinsk, 70000 Zwangsarbeiter eine geheime Stadt aus dem Boden, deren Kernstück ein industrieller Reaktor war. Dieser Reaktor ging im Juni 1948 in Betrieb und erzeugte das Plutonium, mit dem die erste sowjetische Atombombe gebaut wurde. Unweit dieses Reaktors entstand ein riesiges Werk zur Extraktion des im Reaktor gewonnenen Plutoniums. Die Äußerungen der von Gubarew Befragten zu diesem Punkt können wohl nur als Verschleierung einer Tragödie gewertet werden. Die ferngesteuerten Roboter, mit denen das Plutonium vom Abbrand getrennt werden sollte, funktionierten zunächst nur unvollständig. Die Plutoniumextraktion dürfte daher für viele der Beteiligten zu einem Todeskommando geworden sein, ähnlich dem der Feuerwehrleute von Tschernobyl.

Im Sommer 1949 war der Plutoniumsprengsatz fertig. Kurtschatow und Chariton konnten Stalin eine vernickelte Plutoniumkugel in einer Schatulle präsentieren. Am 29. August 1949 schließlich explodierte auf dem Testgelände von Semipalatinsk in Kasachstan die erste sowjetische Atombombe. Die Wissenschaftler, die für den Fall eines Mißerfolges mit dem Schlimmsten hätten rechnen müssen, konnten aufatmen.

Der Nuklear-Archipel existierte weiter. In den Minen von Kalyma und Aldan im hohen Norden, von Krasnokamensk, Wichowerka, Sljudanka und Wladiwostok in Sibirien, von Sholtyje Wody in der Ukraine und in den vielen mittelasiatischen Minen wurde weiter Uran geschürft. In Arsamas-16 wurden weiter Atombomben gebaut und mit der Entwicklung der Wasserstoffbombe begonnen. Auch in den Labors von Tscheljabinsk-70, der zweitgrößten Stadt des Nuklear-Archipels, entwickelte man Sprengköpfe für die Wasserstoffbombe – in Konkurrenz zu Arsamas-16. Auf den Testgeländen von Semipalatinsk und später auch Nowaja Semlja wurden die Bomben gezündet.

Arsamas-16, Tscheljabinsk-40, Krasnojarsk-26, Tomsk-7 Swerdlowsk-45, Pensa-19, Slatonsk-36, Dubna, Obninsk – die Aufzählung der Nuklearstädte ließe sich fortsetzen. Gelegentlich wechselten die Namen oder es waren gleichzeitig mehrere in Gebrauch. Die Mitarbeiter der Zentren sprachen nur vom »Objekt«. Einige der Laboratorien wurden später geöffnet, z. B. Obninsk, wo das erste Atomkraftwerk arbeitete, und Dubna, aus dem 1956 das Vereinigte Kernforschungszentrum der Ostblockstaaten wurde. Gegenwärtig geht man davon aus, daß etwa noch zehn auf keiner Landkarte eingezeichnete Nuklearstädte in Rußland existieren. Ihre Gesamteinwohnerzahl wird auf eine dreiviertel Million geschätzt. Auf Arsamas-16 kommen davon 80000, von denen etwa 24000 dem Institut angehören. Tscheljabinsk-70 zählt 40000 Einwohner. Von den ursprünglich dreizehn Brutreaktoren, in denen Plutonium erzeugt wurde, waren 1992 noch vier in Betrieb: einer in Tomsk-7 und drei unterirdische Reaktoren in dem gewaltigen künstlichen Höhlensystem von Krasnojarsk-26.

Im Zuge der Ost-West-Entspannung und des Zusammenbruchs der Sowjetunion hat sich die Lage des Nuklear-Archipels dramatisch verschlechtert. Es gibt keine klare Nukleardoktrin, dem Staat fehlt nicht nur das Geld für neue Entwicklungen, sondern er kann nicht einmal mehr die Gehälter in den Nuklearzentren auszahlen. Die Atomwaffenforscher haben sich bislang zwar in einem Käfig befunden, aber immerhin war er golden! Sie haben zweifellos organisierter und erfolgreicher gearbeitet als die meisten ihrer Kollegen draußen (»im großen Land« sagen die Leute von Arsamas); aber sie hatten eben auch Arbeitsbedingungen, von denen man im zivilen Bereich nur träumen konnte.

Die Interviews spiegeln die Verunsicherung der Nuklearforscher eindringlich wider. Zu dem Verlust von politischen Leitlinien und der wachsenden materiellen Misere kommt nämlich noch ein weiterer, gänzlich neuer Aspekt hinzu. Ein halbes Jahrhundert lang waren die Bombenforscher vom Staat mit Stalinorden, Leninorden und Heldensternen überhäuft worden. Obwohl Einzelheiten des Bombenprogramms ebenso wie die Namen der meisten Forscher nicht an die Öffentlichkeit drangen, war auch der normale Sowjetbürger stolz auf seine »Atomschiki«. Er wußte, unter welchen unsäglichen Opfern die Sowjetunion den Krieg gegen Hitlerdeutschland gewonnen hatte, und er hatte im allgemeinen davon gehört, mit welcher Rücksichtslosigkeit unter Stalin die großen Industrievorhaben verwirklicht worden waren. Er konnte sich also in etwa vorstellen, unter welch unglaublichem Druck und mit welchem Einsatz die Wissenschaftler gearbeitet haben mußten, um in wenigen Jahren das Atombombenmonopol der USA zu brechen. Wenn man versucht, mit wenigen Begriffen zu definieren, wie sich im Bewußtsein der Russen die verschwommene Geschichte der sowjetischen Atombombe widerspiegelt, so reicht das Wort »Geheimnis« sicherlich nicht aus. Daneben steht gleichgewichtig ein zweites: »Heroismus«. Der Sieg über Deutschland, der Weg zur Atombombe und die Zündung der ersten Wasserstoffbombe waren eine Heldensage, und daß die Helden im dunkeln blieben, verstärkte noch den Effekt. Im Gegensatz zu ihren amerikanischen Kollegen konnten die sowjetischen Physiker zudem darauf verweisen, daß ihr »Produkt« niemals auf Menschen abgeworfen worden war. Kaum jemand wäre darum in Rußland auf den Gedanken gekommen, »Heroismus« mit einem weiteren Wort zu ergänzen, etwa »Schuld«.

Denselben Leuten aber, die ihr Leben ohne lange zu fragen und unter Einsatz aller ihrer Kraft und häufig auch ihrer Gesundheit dem Bau der Bombe gewidmet haben, werden jetzt die gleichen Fragen gestellt wie den amerikanischen Bombenexperten. Hätten sie nicht von Anfang an auch mit der Möglichkeit rechnen müssen, daß die sowjetische Bombe in einem Krieg eingesetzt wird? Waren die Sicherheitsvorkehrungen bei der Produktion und bei den Tests nicht unzureichend? Stellen sie nicht ein Produkt her, das, auch ohne eingesetzt zu werden, die Menschheit mit Unmengen von Rückständen aus den Reaktoren und mit riesigen vergifteten oder radioaktiv verseuchten Gebieten belastet?

Andrej Sacharow hat sich in seinen Memoiren zu der ersten Frage wie folgt geäußert: »Ich konnte mir nicht verhehlen, mit welch furchtbaren, unmenschlichen Dingen wir uns beschäftigten. Doch der eben erst zu Ende gegangene Krieg war ebenfalls unmenschlich gewesen. Ich war in diesem Krieg nicht Soldat gewesen, doch ich fühlte mich als Soldat dieses, des naturwissenschaftlich-technischen Krieges. ... Mit der Zeit kamen uns Begriffe wie strategisches Gleichgewicht, wechselseitige thermonukleare Abschreckung u. ä. zu Ohren. ... Ich glaube auch heute, daß diese globalen Ideen tatsächlich eine gewisse (vielleicht unvollständige und nicht ganz befriedigende) intellektuelle Rechtfertigung für den Bau von Thermonuklearwaffen und für unsere persönliche Beteiligung daran enthalten.« In einem späteren Gespräch fügte er dieser Erklärung allerdings den folgenden Gedanken hinzu: »Aber ich verstehe in jeder Minute meines Lebens, daß sich beim Ausbruch eines thermonuklearen Krieges, dieses größten gemeinsamen Unglücks, die Bewertung meiner persönlichen Rolle tragisch verändern würde – wenn mir dann überhaupt noch Zeit zum Nachdenken bliebe.«

Von dieser Ambivalenz scheinen die Leute von Arsamas nichts zu spüren. Sie sind »stolz auf das Geleistete«, sie »bereuen nichts«, und Dr. Ljudmila Fomitschewa bringt es am Ende des Buches auf den Punkt, wenn sie – halb erstaunt, halb empört – sagt: »Allerdings habe ich nicht erwartet, daß ich mich am Ende meines Berufslebens für irgend etwas rechtfertigen muß!«

Es versteht sich von selbst, daß die Interviewten angesichts dieses plötzlichen Infragestellens ihrer Arbeit, ihrer Werte und Normen dazu neigen, Unbequemes bewußt auszusparen oder zu verdrängen. Das ist psychologisch verständlich und sollte darum nicht zum Anlaß einer moralischen Disqualifizierung genommen werden. In vielem fühlt man sich zudem immer noch geschriebenen und ungeschriebenen Geheimhaltungsvorschriften verpflichtet. Um so mehr ist es angezeigt, einige der Aussagen zu relativieren. Das betrifft den häufig wiederholten Hinweis auf die Sicherheit des »Produkts« und das Herunterspielen von Umweltschäden und Gefährdungen durch Havarien. Bei der eigentlichen Herstellung der Kernsprengköpfe mag man den Fragen der technischen Sicherheit die notwendige Aufmerksamkeit gewidmet haben, und der Stolz der Nuklearforscher auf ihre Professionalität dürfte in dieser Hinsicht berechtigt sein. Trotzdem ging es natürlich auch hier nicht ohne Pannen ab. Nicht zu vergessen sind darüber hinaus die Strahlenschäden, die der kasachischen Bevölkerung um Semipalatinsk durch die Atomversuche zugefügt wurden. Sie sind in ihrem Umfang sicherlich nicht so dramatisch wie jene, die als Folge des Reaktorunfalls in Tschernobyl auftraten; tragisch bleiben sie dennoch. Fragen wirft auch die Äußerung des Chefkonstrukteurs Woronin in bezug auf die ökologische Lage im hohen Norden auf. Seine Aussage, daß auf Nowaja Semlja angeblich nur wenige Stellen mit einem Radius von 150 Metern existieren, an denen eine erhöhte Radioaktivität gemessen wird, möchte man gern durch eine unabhängige, internationale Kommission bestätigt sehen. Immerhin wurde auf der Nordmeerinsel im Jahre 1961 ein makaberer Weltrekord aufgestellt, als dort die bis dahin stärkste Wasserstoffbombe in der Atmosphäre gezündet wurde. Dabei soll, nebenbei bemerkt, das Flugzeug, das die Bombe abgeworfen hat, verbrannt sein. Außerdem wird die Ökologie des Nordens potentiell durch den eingeschweißten Nuklearschrott gefährdet, der über Jahre hinweg bedenkenlos auf den Grund des Nordmeers versenkt wurde.

Den folgenschwersten Unfall hatte das Bombenprojekt am 29. September 1957 zu verzeichnen. An diesem Tag explodierte nahe der Nuklearstadt Tscheljabinsk-40 ein Behälter mit hochradioaktiven Abfällen und verseuchte das gesamte Gebiet Tscheljabinsk. Das Ereignis wurde als chemische Havarie ausgegeben und stellt die vor Tschernobyl größte Umweltkatastrophe in der UdSSR dar. Der Unfall lag nicht in der unmittelbaren Verantwortung der Arsamas-Spezialisten. Aber daß darüber so gar kein Wort verloren wird, ist trotzdem erstaunlich.

Wie immer man die Aussage von Gubarews Gesprächspartnern wertet – ein treffendes Bild zum Selbstverständnis der alten Garde, die in Arsamas-16 den Ton angibt, liefern die Interviews sicherlich. Und die besteht nun einmal nicht mehr aus den genialen Vordenkern wie Sacharow und Seldowitsch oder aus Heerführerfiguren vom Schlage eines Kurtschatow. Sie sind zumeist zurückgegangen in das »große Land«, begannen sich mit Elementarteilchentheorie oder Kosmologie zu beschäftigen, bauten zivile Anlagen zur Fusionsforschung und sind inzwischen zum größten Teil nicht mehr am Leben. In diesem Buch dominieren hingegen hochqualifizierte Spezialisten, fleißig und effizient, diszipliniert und loyal, verantwortungsbewußt im Rahmen eines streng umschriebenen Moralkodex – und mit einer letzten Endes begrenzten und mittlerweile verkrusteten Weltsicht.

Wie wird sich die Zukunft von Arsamas-16 gestalten? Mit der schrittweisen Verringerung der Kernwaffenpotentiale der beiden nuklearen Supermächte USA und Rußland (an dritter Stelle folgt übrigens gegenwärtig die Ukraine) stellt sich immer drängender das Problem der Verschrottung der Raketen und Bomben. Für die Hunderte Tonnen von Waffenplutonium etwa fehlt bis jetzt ein verläßliches Verfahren, um es unschädlich zu machen. Hier bleibt also noch viel zu tun. Darüber hinaus wird man den russischen Kernwaffenforschern leider auch zustimmen müssen, wenn sie Gorbatschows Losung »Ohne Kernwaffen ins XXI. Jahrhundert« in ihrem offenen Brief vom 10. Juni 1993 als utopisch bezeichnen. (Daß sie darin nichts weiter als eine politische Farce sehen, beweist wiederum ihre Begrenztheit; wenn es nicht gar bewußte Infamie ist.) Trotzdem wird der Nuklear-Archipel schrumpfen und sich umprofilieren. Die Frage ist nur wie: schlichtweg durch finanzielle Aushungerung und Zusammenbruch einschließlich der dabei befürchteten massenhaften Abwanderung von Spezialisten in andere Länder (»brain-drain«) oder durch teilweise Umprofilierung der Zentren auf zivile Aufgaben.

Daß die völlig unterbezahlten Physiker und Konstrukteure die Kernwaffenkader arabischer Potentaten werden könnten, haben die Amerikaner schon vor der russischen Regierung verstanden. 1992 schlugen die damaligen Außenminister Baker und Genscher vor, in Moskau und Kiew Wissenschaftszentren einzurichten, in denen mit substantiellen westlichen Mitteln zivile Arbeitsmöglichkeiten für Kernwaffenspezialisten geschaffen werden sollten. Diese Idee hat jedoch bisher nicht recht gegriffen. In Moskau und in Kiew argwöhnt man ebenso wie in den als Außenstellen des Zentrums vorgesehenen Laboratorien von Arsamas-16 und Tscheljabinsk-40, daß auch dies auf lange Sicht zu einer Abwerbung der besten Leute in den Westen führen wird. Nach jüngsten Einschätzungen beträgt die Anzahl der Experten, die einen größeren Teil des Prozesses der Kernwaffenentwicklung überblicken, kaum ein halbes Tausend. Allerdings kann man sich auch vorstellen, daß ein nukleares Schwellenland durch wenige ausgesuchte, ganz eng spezialisierte Profis die letzten noch fehlenden Kniffe einkauft. Wie real die Gefahr von »Technologiesöldnern« wirklich ist, wird von Gubarews Gesprächspartnern unterschiedlich beurteilt. Massive Abwerbeversuche hat es jedenfalls bereits gegeben.

Die Konversion, d. h. die Umorientierung auf zivile Arbeiten, war bisher nicht allzu erfolgreich. Viele der diesbezüglichen Vorschläge knüpfen unmittelbar an die militärischen Entwicklungen an. So wird z. B. erwogen, hochtoxische chemische Verbindungen in unterirdischen Kernexplosionen zu vernichten. Ein anderer Vorschlag, das Projekt eines speziellen unterirdischen Uran-Thorium-Reaktors, folgt der Forderung Sacharows, Atomreaktoren aus Sicherheitsgründen nur noch untertage zu errichten. Möglichkeiten der Metallbearbeitung mit konventionellen Sprengtechnologien werden in diesem Buch mehrmals berührt.

Im großen und ganzen aber erscheinen die Aussichten für eine Konversion eines merklichen Teils der Kernwaffenproduktion nicht sehr vielversprechend. Mit der Entwicklung von transportablen Zuckerraffinerien, Graupenmühlen und Straßenkehrmaschinen, wie sie in den Interviews erwähnt werden, kann das einmalige wissenschaftliche Potential der Nuklearstädte natürlich nicht erhalten und transformiert werden. Für große ingenieurtechnische Neuentwicklungen fehlt aber die notwendige staatliche Finanzierung. Auch hier wäre in vielen Bereichen, z. B. beim Bau neuer Beschleuniger für die friedliche Grundlagenforschung, die Unterstützung des Westens vonnöten. Allerdings müßten sich dann die Nuklearstädte –

wenigstens teilweise – öffnen, und das wird in Rußland bis jetzt strikt abgelehnt.

Die Zukunft des Nuklear-Archipels ist ungewiß. Man kann nur hoffen, daß das gewaltige Potential dieser Einrichtungen nicht außer Kontrolle gerät, daß es gelingt, den Diebstahl von spaltbarem Material in Grenzen zu halten und die Sicherheit der existierenden Kernwaffen zu gewährleisten. Das wird, ebenso wie die Entsorgung des nuklearen Erbes der Sowjetunion, nicht ohne Mitarbeit und Mitsprache der Waffenforscher selbst zu bewerkstelligen sein.

Berlin, August 1993 Christian Spiering

Juli Chariton

Mitglied der Akademie der Wissenschaften

Über diesen Menschen kursieren unzählige Legenden. Wenn seine Mitarbeiter über ihn sprechen, ist es manchmal schwer, die Grenze zwischen Wahrheit und Dichtung zu bestimmen.

»Mir scheint, daß ich ein ziemlich langweiliger Mensch bin«, sagte Chariton zu Beginn unseres Gesprächs. Im ersten Moment war ich völlig verblüfft, weil das nicht zu dem paßte, was ich vorher über ihn gehört hatte. Es sei immer interessant mit ihm, hatte man mir erzählt, seine Herangehensweise entspräche keinerlei Klischee, seine Schlußfolgerungen würden sich durch Originalität auszeichnen ... Jedenfalls sei immer schwer vorauszusagen, wie er gerade reagieren werde.

»Eigentlich bin ich ein schweigsamer Mensch, ich rede nicht gern ...«, meinte Chariton ein andermal. Einer seiner

Kollegen wiederum wußte zu erzählen, daß er ein großartiger Literaturkenner sei, einmal habe er aus dem Stand Verse von Marina Zwetajewa rezitiert. »Er liest auch nie vom Blatt ab, er kann es nicht ausstehen, am Manuskript zu kleben ...«

Sein Studium absolvierte Juli Chariton in den zwanziger Jahren am Polytechnischen Institut in Petrograd.

»Ich hatte Glück«, erinnerte sich Chariton, »in meinem Studienjahr las Abram Fjodorowitsch Joffe die Physik. Nachdem ich zwei bis drei Vorlesungen bei ihm gehört hatte, war mir klar, daß nicht die Elektrotechnik, für die ich immer gebrannt hatte, das Interessanteste war, sondern die Physik ... Und nicht ich allein, sondern buchstäblich der ganze Hörsaal erstarrte andächtig und hörte Joffe erregt zu. Ich wechselte die Fakultät. Das erste Studienjahr war zu Ende. Joffe hatte einigen Studenten die Aufgabe gegeben, über den Sommer Referate anzufertigen und sie dann im Seminar vorzutragen. Mein Thema lautete: Rutherfords Arbeiten über den Aufbau des Atoms. Das war meine erste Bekanntschaft mit der Kernphysik, und das Interesse daran habe ich später nie mehr verloren.«

In jenen Jahren sammelte sich in den Mauern des Leningrader Physikalisch-Technischen Instituts, kurz Phystech, die ganze Elite der künftigen sowjetischen Physik: Semjonow, Kapiza, Kurtschatow, Alexandrow, Alichanow, Kikoin, Frenkel – man kann nicht einmal alle aufzählen. Zwei Jahrzehnte später leiteten diese jungen Wissenschaftler große wissenschaftliche Zentren des Landes, entdeckten neue Richtungen in der Wissenschaft, brachten die Physik an die Spitze des wissenschaftlich-technischen Fortschritts. Wie wurden damals Talente entdeckt, wie wurde ihnen geholfen, Boden unter die Füße zu bekommen, sich zu entfalten?

»Vor allem mußte man erst einmal auf begabte Leute aufmerksam werden«, meinte Juli Chariton. »Und eine solche Fähigkeit besaß nicht nur Joffe, sondern auch seine nächsten Mitarbeiter, in erster Linie Nikolai Nikolajewitsch Semjonow. Einmal traf er mich im Institutshof und sagte: ›Eben habe ich die Prüfungen im zweiten Studienjahr abgenommen, da war ein sehr interessanter junger Mann. Er heißt Kikoin. Merken Sie sich den Namen ...‹ Kikoin ist ein bekannter Physiker geworden, Mitglied der Akademie der Wissenschaften.«

Juli Chariton bekam diese Fürsorge selbst zu spüren. Bereits nach dem ersten Studienjahr lud Semjonow ihn zu einem Spaziergang in den Park ein. Dabei bot Semjonow dem Studenten an, in der Abteilung zu arbeiten, die er gerade am Phystech einrichtete.

»Ich wohnte im Zentrum von Petrograd«, erinnerte sich Chariton. »Bis zum Polytechnischen Institut waren es acht Kilometer. Ich mußte oft zu Fuß ins Institut gehen, manchmal auch noch zurück. Hin und wieder, wenn ich bis spät gearbeitet hatte, mußte ich im Labor übernachten und auf dem Labortisch schlafen. Aber mit siebzehn fällt einem das nicht allzu schwer.«

Sicher kann man komfortabelste Bedingungen schaffen, um Talente zu entdecken, aber genauso notwendig sind eben auch Opferbereitschaft und Forscherdrang. Wenn jemand zwölf bis sechzehn Stunden am Tag arbeitet, wird er manchmal abfällig als Fanatiker bezeichnet, meistens von Leuten, die selbst unfähig sind, eine solche Arbeitsbelastung auszuhalten.

Ja, sie waren Physikfanatiker, aber kein Mensch hat sie dazu gezwungen – sie waren von ihrer Arbeit besessen, empfanden sie als höchstes Vergnügen. Dabei führten sie kein

Asketendasein, sondern kosteten alle Freuden aus, die das Leben zu bieten hatte.

»Eines meiner interessantesten Erlebnisse in dieser Zeit«, erinnerte sich Chariton, »war eine Begegnung mit Majakowski im Schriftstellerhaus. Ich machte mir nicht viel aus seinen Versen, ich verstand sie nicht ... Dann aber erlebte ich ihn auf der Bühne. Wie er seine Gedichte rezitierte – einfach phantastisch! ... Als ich nach Hause zurückkam, nahm ich gleich ein Bändchen aus dem Regal und sah Majakowski plötzlich mit ganz anderen Augen. Seit der Zeit gehört er zu meinen Lieblingsdichtern. Ich hatte auch das Glück, Block zu hören, Katschalow auf der Bühne zu sehen ... Ja, wir waren hingerissen von der Physik, haben viel gearbeitet, aber wir haben uns dennoch bemüht, möglichst viel anderes zu sehen und mitzubekommen ... Aber die Hauptsache war natürlich die Arbeit. Ich hatte meinen Weg damals bereits gewählt ...«

1928 kam Juli Chariton nach Berlin. Dort fragte er seine Kollegen nach ihrer Haltung zu den Nazis. Die antworteten ihm nur mit einem Lachen – diese »Operettenfiguren« seien nicht gefährlich, die müsse man nicht ernst nehmen.

»Wir waren politisch besser geschult als unsere deutschen Kollegen«, sagte Juli Chariton, »und wir haben sehr wohl verstanden, welche Bedrohung vom Faschismus ausgeht. Aber die deutschen Intellektuellen haben unsere Befürchtungen damals nicht geteilt. Leider haben sie ihren Fehler zu spät eingesehen.«

Schon in den dreißiger Jahren arbeitete Chariton intensiv mit Jakow Seldowitsch zusammen. Sie führten Berechnungen der Neutron-Kern-Kettenreaktionen durch. Diese Arbeiten waren für sie »außerplanmäßig« – Chariton leitete die Abteilung Sprengstoffe, Seldowitsch war mit theoretischen Unter-

suchungen, insbesondere zu Pulvern, befaßt. Natürlich hat damals kein Mensch an Atombomben und nukleare Sprengsätze gedacht, aber in der Physik war man zu hochinteressanten Beobachtungen gelangt. So hatte auch Igor Kurtschatow, der auch im Phystech arbeitete, die Festkörperphysik »ad acta gelegt« und sich dem neuen Wissenschaftsgebiet zugewendet.

»Diese Wendung hat viele von uns verblüfft«, schrieb Chariton. »Sie war tatsächlich sehr abrupt. Seine Arbeiten zu den Ferroelektrika waren elegant und schön – ein Musterbeispiel echter klassischer Forschung. Es ist erstaunlich, wie schnell er sich dann in das neue Gebiet eingearbeitet hat. Er konnte die Kernfragen herauskristallisieren, mit denen man sich befassen mußte, besorgte die entsprechenden Apparaturen, und schon hatte er ein ernsthaftes Experiment begonnen ... Das war eine Zeit ausgesprochen angestrengter Arbeit, man fühlte, daß etwas ganz Neues und Wichtiges im Entstehen war.«

Seldowitsch und Chariton konnten ihre Arbeiten zu den Kernreaktionen in der »Zeitschrift für experimentelle und theoretische Physik« und in »Erfolge der physikalischen Wissenschaften« veröffentlichen. Sie waren die ersten ... Aber das erfuhren die Autoren selbst und ihre Kollegen erst Jahre später.

»Übrigens, der letzte Artikel«, erzählte Juli Chariton, »wurde damals nicht veröffentlicht. Der Krieg hatte begonnen. 42 Jahre später erschien er allerdings doch noch in einer Zeitschrift. Aber wieviel Ereignisse liegen zwischen den Publikationen dieser Artikel!«

Während des Krieges gingen viele Leningrader Physiker an die Front, andere in Rüstungsbetriebe. Kurtschatow und Alexandrow entwickelten Methoden zur Entmagnetisierung von Schiffen. Chariton arbeitete in einem Institut, das neue

Sprengstoffe und Munition herstellte. Zunächst in Leningrad, später in Kasan und 1942 in Moskau.

»Und dann lud mich Igor Kurtschatow zu sich ein«, erzählte Chariton. »Er bot mir an, zu ihm überzuwechseln. Der Krieg war im vollen Gange. Wir befaßten uns mit einer Sache, die wichtig war für den Sieg. Und plötzlich so ein Angebot?! Ich widersprach: Ich halte es für meine Pflicht, bis zum Kriegsende für die Front zu arbeiten ... Darauf Kurtschatow: Wir dürfen keine Zeit verlieren, siegen werden wir auf jeden Fall, aber wir müssen uns jetzt schon um die künftige Sicherheit des Landes kümmern ... Kurtschatow war ein großer Überredungskünstler, sogar meine Frau hatte er überzeugt, daß ich unbedingt zu ihm kommen muß. Natürlich hatte ich eine Vorstellung, wie kompliziert die Aufgabe war, vor der die Physiker und die Physik standen. Da ging es um etwas ganz Neues und folglich Hochinteressantes ... Ich weiß noch, daß einer unserer bekanntesten Wissenschaftler bereits 1939 ein ziemlich genaues Bild dessen gezeichnet hatte, was bald darauf in Amerika und danach auch bei uns in Angriff genommen wurde. Die Arbeit begann noch in den Kriegsjahren. Kurtschatow war bestens geeignet, ein derartig grandioses Programm zu realisieren: ein hervorragender Physiker, ein glänzender Organisator und ein ausgesprochen gütiger Mensch.«

Das »Uranprojekt«, das Kurtschatow leitete, ist ein aufregendes Kapitel unserer Geschichte. In kürzester Zeit wurde die Verteidigungsfähigkeit des Landes gesichert, wurde ein Nuklearschild geschaffen und schließlich die Epoche der friedlichen Nutzung der Atomenergie eingeleitet.

Tausende Wissenschaftler, Konstrukteure, Ingenieure und Arbeiter waren daran beteiligt, leiteten das »Atomzeitalter« ein.

Juli Chariton ist seit fast einem halben Jahrhundert wissenschaftlicher Leiter für den Bau der sowjetischen Atom- und Wasserstoffwaffen. Trotz seines hohen Alters – er ist jetzt 89 Jahre alt – arbeitet er noch immer sechzehn Stunden am Tag.

Ich hatte mehrere Begegnungen mit Juli Chariton. Zunächst war er nicht bereit, über den Bau der Kernwaffen zu reden, schließlich galt dieses Thema als »streng geheim«. Erst nach Beginn der Perestroika waren solche Gespräche möglich.

Juli Borissowitsch, hatten Sie oft Kontakt zu Berija?

Am Anfang besprach er alle Probleme nur mit Kurtschatow ... Später mußte auch ich mit ihm reden.

Hat er Ihre Worte ernst genommen?

Dazu war er gezwungen ... Berija wußte, daß er von unserer Arbeit nichts verstand ... Ich wiederhole, er war gezwungen, uns anzuhören ... Da war beispielsweise folgender Fall. Anfang der fünfziger Jahre kam einmal eine Kommission zur Kaderüberprüfung in unser Institut. Die Kommissionsmitglieder zitierten die Abteilungsleiter zu sich. Sie befragten auch Lew Wladimirowitsch Altschuler. Ihm wurde konkret folgende Frage gestellt: »Wie ist Ihre Haltung zur Politik der Sowjetmacht?« Altschuler übte heftige Kritik an Lyssenko und bezeichnete ihn als einen ungebildeten und gefährlichen Mann. Natürlich ordnete die Kommission an, Altschuler zu entfernen. Seldowitsch und Sacharow kamen zu mir und erzählten von der Kommission. Ich rief Berija an. Der fragte: »Brauchen Sie ihn sehr dringend?« »Ja«, antwortete ich. »Gut, soll er bleiben«, sagte Berija, wie mir schien, unwillig. Altschuler wurde in Ruhe gelassen ... Übrigens, in Stalins

Gegenwart war Berija ganz anders, seine Hochnäsigkeit war wie weggeblasen …

Sie hatten Gelegenheit, das zu beobachten?

Einmal wurde ich in Stalins Arbeitszimmer gerufen, da waren viele Leute. Ich komme rein, aber Stalin sehe ich nicht … Berija lief nervös hin und her und deutete dann mit dem Finger in eine Richtung. Ich schaue hin – Stalin. Ein sehr kleiner Mann. Ich sah ihn zum erstenmal, deshalb war ich über seinen kleinen Wuchs verwundert … Ich wurde gebeten, über die erste Bombe zu sprechen. Stalin fragte: »Kann man nicht statt der einen großen mehrere kleine machen?« Die Frage war natürlich naiv und verdeutlichte, daß Stalin keine Ahnung von Kernphysik hatte. »Nein«, antwortete ich.

Alle waren zufrieden … Im Grunde genommen vertraute man uns, weil niemand anderes die Bombe machen konnte. Und wir begriffen das ebenfalls …

Die Bombe wurde in Arsamas-16 entwickelt?

Arsamas-16 ist eines der ersten und wichtigsten Werke unserer Atomindustrie. Hier erfolgte die Endfertigung. Es gab viele Werke, die zulieferten.

Aus den Erinnerungen von M. G. Perwuchin: »Endlich war der langerwartete Tag gekommen, an dem die Montage des Reaktors vollendet war, es begann das Stapeln der Uranblöcke. Igor Kurtschatow leitete selbst diese verantwortungsvolle Arbeit und verfolgte an den Geräten den Neutronenfluß, um nicht den Moment zu verpassen, in dem die Kettenreaktion begann. Alles lief normal, der erwartete Moment kam, der Reaktor geriet in Bewegung, und es begann eine sich selbsterhaltende Kettenreaktion. Die vorläufigen Berechnungen, die unter unmittelbarer Anleitung von Igor Kurtschatow durchgeführt worden waren, bestätigten sich in glänzender Weise. Die Anzahl der Neutronen, die bei der Spaltung von Uran-235 freigesetzt wurden, war für die Erhaltung der Kettenreaktion und für die Bildung eines neuen Elements aus Uran-238, d. h. Plutonium 239, völlig ausreichend. Der Reaktor lieferte allmählich die projektierte Leistung und ließ sich gut regeln ... Die nächste Aufgabe bestand nun darin, die Endmontage der Ausrüstung des chemischen Werks zu beschleunigen, wo aus im Reaktor bestrahltem Uran Plutonium abgetrennt werden sollte. Das Komplizierte bei Start und Regelung des chemischen Prozesses besteht darin, daß das in Salpeter gelöste Uran stark radioaktiv ist. Deshalb befinden sich alle Apparate und Rohrleitungen in Kammern, die bei der Arbeit nicht betreten werden dürfen. Der Prozeß wird ferngesteuert, deshalb müssen der chemische Prozeß selbst und die Apparatur zuverlässig und stabil funktionieren.

Zu unserer großen Freude verlief die Inbetriebnahme des chemischen Werks völlig normal, und es produzierte im weiteren komplikationslos. Das war insbesondere ein Verdienst von Akademiemitglied Chlopin und seinen engsten Mitarbeitern vom Radium-Institut, die einen völlig stabilen und sicheren chemischen Prozeß der Abtrennung Plutoniums vom Uran und den radioaktiven Sekundärprodukten entwickelt hatten. Das gesamte Kombinat mit dem Uran-Graphit-Reaktor konnte 1948 seinen Betrieb aufnehmen und mit der Plutoniumgewinnung beginnen.

Obwohl Kurtschatow sämtliche Arbeitsstadien am Uran-Graphit-Reaktor selbst leitete, ließ er die anderen Arbeitsgebiete zum Atomproblem nicht aus den Augen. Er war ständig informiert über den Verlauf der Arbeiten zur Diffusionstrennung und zur elektromagnetischen Trennung der Uranisotope. Im Jahre 1948 wurde der Bau des Werks für die Diffusionstrennung fertiggestellt, deren technologischer Prozeß unter wissenschaftlicher Leitung von Kikoin ausgearbeitet worden war. Kurtschatow hatte ihn eigens für diese Arbeit herangezogen.

Die Arbeiten zur elektromagnetischen Trennung von Uranisotopen wurden unter Leitung von Arzimowitsch durchgeführt, den Igor Kurtschatow dafür hergeholt hatte. Kurtschatow war ebenfalls über die Arbeit von Alichanow zur Projektierung eines Uran-Schwerwasser-Reaktors informiert.«

Andrej Dmitrijewitsch Sacharow hat einmal über die Entwicklung der Kernwaffe gesagt: »Ich habe mich deshalb so engagiert, weil ich der Auffassung war, daß das für das friedliche Gleichgewicht notwendig sei. Verstehen Sie, ich und andere haben gedacht, daß man nur auf diese Weise einen dritten Weltkrieg verhindern kann.« ... Sind Sie mit ihm einverstanden?

Natürlich. Die Verteidigung des Landes mußte gesichert werden. Im Wissenschaftlerkollektiv wurde ruhig und konzentriert gearbeitet. Wir hielten fest zusammen und waren gute Freunde ... Obwohl, natürlich ging es auch bei uns nicht ohne Schweinehunde ab ... Einmal kam ich ins Kombinat, Igor Kurtschatow hatte mich eingeladen, er feierte Geburtstag. Natürlich wurde auch getrunken ... Später kam ein Mitarbeiter zu mir und sagte: »Wenn Sie wüßten, was man neulich alles über Sie berichtet hat!« Mir war klar: Zuträger gab es damals genug, schließlich saßen Berijas Leute überall.

Sie werden oft als der »Vater der Atombombe« bezeichnet.

Das ist nicht richtig. Für die Entwicklung der Atombombe waren die Anstrengungen unendlich vieler Leute notwendig. Die Reaktoren – dahinter steckt eine gigantische Arbeit! Und die Gewinnung von Plutonium? Die Plutoniummetallurgie – dafür steht Andrej Botschwar ... Man kann niemanden als »Schöpfer der Atombombe« bezeichnen. Ohne einen riesigen Komplex wissenschaftlicher Forschungsarbeiten läßt sie sich nicht herstellen ... Zweifellos gebührt Igor Kurtschatow die wichtigste Rolle beim Uranprojekt. Ich habe konkret den Bau der Bombe geleitet, die ganze physikalische Seite ... Zuerst muß das Material mittels konventionellen Sprengstoffs komprimiert werden, um eine überkritische Masse zu gewinnen ... 1940 waren Seldowitsch und ich noch der Meinung, daß man zehn Kilogramm Uran-235 benötigt, tatsächlich benötigten wir das Mehrfache davon ... Das mußte aber erst mal gewonnen werden, was unheimlich kompliziert ist ...

War Kurtschatow der Initiator?

Er hat uns alle für das Uranprojekt gewonnen. Als alles begann, kam er zu mir und bat mich, die Leitung der »Filiale der 2. Abteilung« zu übernehmen, d. h., mich mit dem Sprengstoff, dem Plutonium und der Konstruktion der Atombombe zu befassen. Ich arbeitete mit Jakow Borissowitsch Seldowitsch zusammen. Er war der wichtigste theoretische Kopf. Ein einzigartiger Mann ...

Ich hatte das Glück, ihn kennenzulernen. Er sprach nicht gern von der Entwicklung der Bombe ...

Er durfte nicht ... Sie sind noch jung und verstehen nicht bis ins letzte, was in jenen Jahren »Geheimhaltung« bedeutete ...

Einmal kam ich damit in Berührung, als ich über Andrej Botschwar schrieb ... Ich bat ihn, zumindest in allgemeinen Zügen von diesem Teil seiner Arbeit zu berichten. Darauf antwortete er: »Um keinen Preis! Über dieses Problem spreche ich nur in meinem Arbeitszimmer und mit einem begrenzten Kreis von Mitarbeitern!«

Die Zeit war so – ein überflüssiges Wort kostete das Leben ... Wir hatten uns daran gewöhnt ... Um so beglückender war es, mit Jakow Seldowitsch und später mit Andrej Sacharow zusammenzuarbeiten. Ich verehre sie als Wissenschaftler und als Menschen.

Hatten Sie Angst, daß die erste Bombe vielleicht nicht funktionieren könnte?

Nein. Die Menge Plutonium, die wir zur Verfügung hatten, garantierte, daß alles so kommen mußte, wie wir es berechnet hatten. Ein Fiasko befürchteten wir nicht. Schließlich war alles experimentell überprüft. Ich erinnere mich an folgende Geschichte. Bei einer der Montagen am Teststand, an dem die abschließenden Prüfungen stattfanden, erschien Wannikow. Er trat näher heran – und der Zähler begann zu ticken. Er war ein kräftiger Mann, die Masse groß – dadurch reflektierte er einen merklichen Teil der Neutronen.

... Er ging näher ran und wieder zurück, und der Zähler tickte ... Wannikow leitete den Fertigungsbereich des Projekts. Vor dem Krieg hatte er gesessen, dann hat man ihn rausgelassen. Er war ein großartiger Organisator. Sowohl während des Krieges als auch bei unserem Projekt ... Also, bei dieser Geschichte war uns klargeworden: Die Bombe wird auf jeden Fall funktionieren.

Und was war mit der Strahlung?

Ich bestreite nicht, daß wir ganz schön leichtsinnig damit umgegangen sind. Wir wußten auch zu wenig. Natürlich haben wir uns so gut es ging vorgesehen, aber uns war klar, daß wir die Heimat zu schützen hatten. Verstehen Sie, von uns hing die Sicherheit des Landes ab! Übrigens haben die Biologen und Chemiker bereits in jenen Jahren begonnen, sich ernsthaft mit den Problemen des Schutzes vor radioaktiven Strahlungen zu beschäftigen ... gleich von der allerersten Explosion an ...

Aus den Erinnerungen von W. I. Wlassow: »Der Zeitpunkt hing nicht nur von der Bereitstellung des Produkts und der Bereitschaft des Versuchspersonals ab, sondern auch von der Wettervorhersage. Man mußte aufpassen, wann die Winde die radioaktive Wolke in Richtung eines wenig besiedelten Territoriums tragen würden. Andernfalls hätten mögliche radioaktive Niederschläge aus den Wolken eine schädliche Wirkung auf Mensch und Tier haben und die Gegend verseuchen können. Endlich erfuhren wir, daß der Versuch auf den frühen Morgen des 29. August 1949 angesetzt worden war. Vor Beginn nahmen alle ihre Arbeits- und Beobachtungsplätze ein. Noch im Dunkel der Nacht zog ein ganzer Menschenstrom zu den Labors. Kurtschatow selbst, die wichtigsten Leiter des Versuchs und das Bedienungspersonal bezogen ihre Posten im Unterstand und in den Schanzen der Kommando- und Beobachtungspunkte.

Pünktlich zur angegebenen Zeit flammte im Süden ein Feuerschein auf, und ein roter Halbkreis, wie eine aufgehende Sonne, tauchte auf. Drei Minuten danach, als der Feuerschein verloschen war und die Wolke sich im Nebel der Morgendämmerung aufgelöst hatte, war das grollende

Krachen der Explosion zu hören, wie ein entferntes Donnern eines gewaltigen Gewitters.

An den Ort der Explosion wurden die Dosimetristen geschickt, die in der Umgegend Messungen vornahmen und Hinweiszeichen über die Höhe der Radioaktivität aufstellten. Einen Tag später fuhren auch wir an den Ort der Explosion, um für die Analyse radioaktive Bodenproben zu entnehmen. Vom Hauptturm war keine Spur mehr übrig. Die Masten und Türme in der Umgegend waren gebrochen oder schief, die Mauern der nahe gelegenen Häuser waren zusammengebrochen, die Dächer waren entweder abgerissen oder hingen durch. Von der technischen Konstruktion der Gebäude war nur noch eine entstellte, alptraumhafte Erinnerung übrig – alles war krumm und schief, niedergewalzt, verbrannt.

Vor uns glänzte die riesige, schwarzblaue Oberfläche eines Tellers, keines Trichters, der von der Explosion geblieben war. Eine Vertiefung war kaum zu erkennen, weil diese Fläche sehr breit und abschüssig war. Die Oberfläche war mit einer glatt geschmolzenen und glänzenden Schlacke bedeckt, die sich aus dem vom Explosionsfeuer verbrannten Boden gebildet hatte. Im Zentrum selbst war die geschmolzene Oberfläche durchgängig, aber weiter weg vom Zentrum waren Unebenheiten und Brüche zu sehen, schließlich nur noch vereinzelt fladenartige Stücke, die sich entweder am Ort selbst gebildet hatten oder vom Zentrum aus verspritzt worden waren. An der Grenze der Gefahrenzone waren davon wenige zu finden. Ihre Aktivität schien uns nicht sehr hoch zu sein, deshalb gingen wir »mehr in die Tiefe«, um Proben zu nehmen. Wir waren der Auffassung, daß es für uns nicht gefährlich sei, die volle Dosis der einmalig zulässigen Bestrahlung abzubekommen. Sie einkalkulierend, planten wir unsere Fahrt ins Innere des Tellers. Bei guter Geschwindigkeit fraß sich unser Geländewagen durch die unter den Rädern knirschende Schlackenkruste und blieb im vereinbarten Abstand stehen. Zwei Mann sprangen nach links und rechts, brachen ziemlich kräftige Stücke ab, steckten sie in einen Sack, und unser Geländewagen raste zurück. Um uns vor dem Staub zu schützen, hatten wir Gasmasken aufgesetzt.

Die Untersuchungsergebnisse bekamen wir eine Woche nach der Explosion. Auf einer speziellen Sitzung ließ sich Kurtschatow über Meßergebnisse verschiedener Forschungsgruppen berichten, um die wichtigsten Schlußfolgerungen zusammenzufassen, die der Regierung dann als Bericht vorgelegt und für Korrekturen an den weiteren Ausarbeitungen genutzt wurden.«

Aus den Erinnerungen von A. J. Burnasjan: »Der Strahlenschutzdienst war verantwortlich für die gesamte Meßinformation in der Zone der Kernexplosion und in der Zone der radioaktiven Spur entlang des Weges, den die Wolke nahm. Zum Testprogramm gehörte nicht nur die Bestimmung der Zerstörungskraft der Waffe, sondern auch die Ausarbeitung von Schutzmaßnahmen. Deshalb war es wichtig, möglichst früh dosimetrische Informationen zu sammeln.

Um solche Informationen im Epizentrum der Explosion zu sammeln, waren dem Strahlenschutzdienst zwei Panzer zur Verfügung gestellt worden. Darauf mußten die Meßapparaturen montiert werden. Diesen Panzern wurde eine große Bedeutung beigemessen.

Um die Sicherheit der Besatzung zu gewährleisten, mußte die Strahlenabschirmung der Panzer von unten mit einer Bleischicht verstärkt werden. Die Panzerfahrer waren dagegen: Die Drehstäbe (Stahlblattfedern, die wie dicke Stahlstangen im Innern des Panzers verlaufen) würden zu sehr belastet werden.

Es wurde vorgeschlagen, die Türme mit den Geschützen abzubauen. Dadurch sollte sich die Belastung der Drehstäbe verringern, damit man von unten die notwendige Bleischicht auflegen konnte.

Die Panzerfahrer waren einverstanden. Mir gefiel dieser Gedanke ebenfalls, zumal ich vorhatte, mich selbst an der dosimetrischen Aufklärung auf dem Panzer zu beteiligen.

Die Militärs hatten eine skeptische Haltung zu dem Vorschlag: Ohne Turm und Geschütz ist die Silhouette eines Kampfpanzers ziemlich verschandelt. Das sei kein Panzer mehr, sondern eine erbärmliche verstaubte Schildkröte. Igor Kurtschatow mußte eingreifen und löste die Frage mit dem ihm eigenen Sinn für Humor. Er lächelte breit, schob mit den Fingern seiner rechten Hand den Bart vor und sagte sinngemäß, daß Atomtests keine Hundeausstellungen seien und ein Aufklärungspanzer kein Wettbewerbspudel, den man trimmen müsse, damit die hohe Jury ihm eine Medaille für Aussehen und Haltung verleihe. In den Panzern säßen junge Männer, die auf ihre Gesundheit achten müßten.

Nachdem der Befehl erteilt worden war, die Türme mit den Geschützen abzumontieren, wurde der Bleischutz nicht nur unten, sondern auch an den Seiten verstärkt. Mehr noch, die erfinderischen Meßtechniker hatten sich Gedanken um die Wiederherstellung des Äußeren des Panzers gemacht, anstelle der abgenommenen Türme bauten sie große Ionisationskammern zur Bestimmung der Konzentration von radioaktiven Gasen in der Explosionszone auf.

Wir nahmen unsere Plätze ein und wichen nicht von den Periskopen. Von der Anhöhe aus waren weder das Feld noch der Turm zu sehen, aber allen war klar, daß das Licht des atomaren Feuerscheins bis zu unseren Periskopen dringen würde. Und tatsächlich erschien der vor uns liegende Hügel bald in einem unglaublich hellen, mit nichts zu vergleichenden Licht.

In dem gleißenden Licht sahen wir, wie die Druckwelle die Wolken über dem Ort der Kernexplosion auseinanderwirbelte und vom Himmel wischte. Die Panzer wurden wie Federn hochgeschleudert. Ein paar Minuten beobachteten wir von der Anhöhe aus, wie sich die radioaktive Wolke bildete. Durch das Fernglas war die in den Strahlen der aufgehenden Sonne unheilvoll glitzernde »Pfanne« der glasig gewordenen Erdkruste im Epizentrum der Explosion zu sehen.

Wir steckten die Meßinstrumente ein. Die vielen sensiblen Meßsonden hatten Igor Kurtschatow bereits erste Informationen übermittelt. Die Kurvenschreiber hatten die Energielawine, in die sich die kritische Masse verwandelt hatte, fixiert. Jetzt waren wir an der Reihe, Informationen weiterzugeben.

Beide Panzer starteten gleichzeitig und nebeneinander, aber gleich hinter der Anhöhe trennten sie sich, und jeder nahm seinen Kurs auf einen vorher festgelegten Sektor. Wir setzten Gasmasken auf, um uns vor dem radioaktiven Staub zu schützen, und schalteten auf maximale Geschwindigkeit.

Ohne mit der Geschwindigkeit herunterzugehen, drang der Panzer zum Epizentrum vor. Genau zehn Minuten nach der Explosion waren wir im Zentrum. Unseren Augen bot sich ein umfassendes Bild der Zerstörung. Der Stahlturm, auf den man die Bombe aufgesetzt hatte, war mitsamt seinem Betonfundament verschwunden, das Metall war verdampft. Anstelle des Turms gähnte ein riesiger Trichter. Der gelbe Sandboden ringsum war zusammengebacken, glasig und knirschte entsetzlich unter den Panzerketten. Geschmolzene Klümpchen flogen wie kleine Schrapnelle nach allen Seiten und emittierten unsichtbare Alpha-, Beta- und Gammastrahlen.«

Jakow Seldowitsch hat einmal von einer merkwürdigen Wahrnehmung erzählt, die er bei einer Kernexplosion gemacht hatte. Er sah auf das Gras. Es herrschte absolute Stille. Plötzlich neigte sich das Gras und schmiegte sich an den Erdboden. Und erst danach war etwas zu hören …

Wir befanden uns zehn Kilometer vom Explosionsort entfernt, in einem speziellen Unterstand. Vom Blitz bis zur Ankunft der Druckwelle sind es etwa 30 Sekunden. Die Tür zum Unterstand stand leicht offen … Plötzlich wurde alles von grellem Licht überflutet – es hatte also geklappt! Ich dachte nur an eines – wie schaffe ich es, die Tür zu schließen, bevor die Druckwelle da ist. Da stürzte auch noch Berija auf mich zu, um mich zu umarmen … Ich hab mich aber gerade noch freimachen können und es im letzten Moment geschafft … Das einzige, was ich in diesem Augenblick fühlte, war Erleichterung …

Wie viele Kernexplosionen haben Sie in Ihrem Leben gesehen?

Ich erinnere mich nicht genau. Alle bis zum Jahre 1963, bevor die Versuche unter die Erde verlegt wurden. Ehrlich gesagt, Angst oder Schrecken habe ich nicht empfunden. Schließlich kann man alles berechnen, also gab es nichts Unerwartetes.

Sie haben Ihr Leben lang Kernwaffen entwickelt, und jetzt kämpfen wir für die Vernichtung der Atomwaffen. Scheint Ihnen nicht, daß Ihre Mühe …

... umsonst war? Nein ... Am Anfang hielten wir einen Krieg für möglich, und das war ja auch real. Wer weiß, was passiert wäre, wenn die Sowjetunion keinen Nuklearschild gehabt hätte ... Ich will auch einen anderen Aspekt nicht verschweigen: Zu jener Zeit wurden nicht alle Folgen berücksichtigt – an einen möglichen Untergang der Menschheit haben wir nicht gedacht. Wichtig war, nicht zurückzubleiben, damit dich der potentielle Gegner nicht überholt ... Jetzt aber könnte die gesamte Menschheit untergehen, deshalb ist es notwendig, die Folgen anders zu bewerten ... Derzeit beunruhigt mich vor allem eine andere Seite – der Kampf gegen die Atomkraftwerke. Die Menschen treibt die Angst, es läuft eine Kampagne gegen die Physik. Der Untergang droht nicht von den Atomkraftwerken, sondern vom Treibhauseffekt. Und gegen diese reale Katastrophe, die sich bereits abzeichnet, kann man nur mit Atomkraftwerken angehen. Gefährliche Abfallstoffe sind in der Atomenergetik Realität. Diese Probleme müssen gelöst werden. Aber gegen Atomkraftwerke auftreten, sie demontieren und verbieten – das ist Wahnsinn. Sicher, man darf keine Fehler bei der Projektierung, beim Bau und während des Betriebs machen – das ist klar. Eine vernünftige und seriöse Nutzung der Atomenergie – nur das kann das Ziel sein. Wir müssen uns auch mit der thermonuklearen Energetik beschäftigen.

Sind Sie davon überzeugt?

Absolut! Die Atomenergetik ist der Hauptweg für die Entwicklung der Menschheit ...

Juli Borissowitsch, was ist eine moderne Kernwaffe?

Wissen Sie, die moderne Atomwaffe ist eine ziemlich diffizile und, ich würde sagen, elegante Konstruktion. Alles – die Art der Auslösung der Detonation, um eine nach innen laufende Kugelwelle zu erzeugen, die Art der Anordnung des Plutoniums, die Ausführung – das ist sehr diffizil und spitzfindig. Über diese Details der Konstruktion darf man mit niemandem reden, denn sonst ist eine Verbreitung der Waffe nicht auszuschließen.

Betrifft das denn auch die alten Muster?

Was die erste Atombombe anbelangt, so denke ich, daß man sie der breiten Öffentlichkeit zeigen kann. Mehr noch, man könnte sie sogar öffentlich zerlegen, ohne damit Schaden anzurichten. Ich meine im Hinblick auf den Vertrag über die Nichtweiterverbreitung von Kerntechnologien.

Es ist durchaus verständlich, daß die Menschen ein, gelinde gesagt, reserviertes Verhältnis zu einer so bedrohlichen Waffe haben. Ich frage mich, ob nicht mit der Bombe das gleiche passieren kann wie mit Tschernobyl? Schließlich haben die Physiker vor der Katastrophe behauptet, daß die Atomkraftwerke absolut sicher seien. Und dann dieser GAU ... Gibt es Garantien hinsichtlich der Waffen?

Wir haben nie behauptet, daß unsere »Produkte« absolut sicher sind! Im Gegenteil, wir unterstreichen immer wieder, daß sie gefährlich sind und daß äußerste Sorgfalt beim Zugriff auf die Kernwaffen und beim Umgang mit ihnen notwendig ist. Es ist beispielsweise unumgänglich, Transporte per Eisenbahn vorzunehmen. Da sind Zusammenstöße möglich, Brände, Zugentgleisungen. Deshalb fordern wir ständig maximale Vorsicht, eine Reduzierung der Transporte usw.

Mit dieser Seite der Sicherheit haben wir uns speziell beschäftigt. Die Betriebe lagen weit auseinander, und wir mußten eine gewisse Verlagerung der Produktionen vornehmen, damit unsere montierten Ladungen nicht so weit transportiert werden mußten ... Früher wurde damit meiner Ansicht nach sehr leichtsinnig verfahren. Aber wir haben uns Gehör verschafft, und vieles hat sich geändert – die unnötigen Transporte wurden reduziert. Dabei geht es nicht nur um eine mögliche Kernexplosion. Wenn beispielsweise ein Verbrecher auf einen kugelförmigen Sprengsatz schießt, so kann das bei einer Reihe von Konstruktionen zur Detonation des Sprengstoffes führen. Erreicht die Druckwelle selbst das Plutonium, führt das zur Zerstäubung, es kann eine Staubwolke aufsteigen, der Wind trägt sie davon, es kommt zu Kontaminationen ... Es ist bekannt, daß die Amerikaner über Spanien eine Havarie hatten – ein Flugzeug hatte eine Atombombe verloren, es kam zur Explosion von konventionellem Sprengstoff, die nukleare Ladung zerstob. Die Säuberung der Gegend kostete gigantische Summen ... Man muß also auf der Hut sein, und die Sicherheitsfragen müssen an erster Stelle stehen. Und das ist gar nicht so einfach zu erreichen. Denn neben dem Verständnis für die Problematik sind auch bestimmte finanzielle Aufwendungen notwendig.

Sind Sie das erste Mal in diesen langen Jahren in finanziellen Schwierigkeiten?

Eigentlich ja! Die Gehälter werden oft zurückgehalten, ich will gar nicht von der Teuerung reden ...

Deshalb besteht die Gefahr des »brain-drain«?

Ich bin nicht sicher, ob man alle kontrollieren kann, die ein hinreichendes Wissen über die Waffe haben. Besonders jetzt, wo die Inflation immer mehr steigt und die Lebensumstände sich verschlechtern. Da ist alles denkbar. Heute sind unsere Schwierigkeiten rein finanzieller Art. Aber, ich wiederhole, ich kenne mich darin schlecht aus. Damals, als das Institut und das Konstruktionsbüro eingerichtet wurden, habe ich gesagt, daß ich mich nicht gut genug in organisatorischen Fragen auskenne. Um meine eigenen Möglichkeiten maximal nutzen zu können und mich nur mit Wissenschaft und Technik zu befassen, d. h., tatsächlich Chefkonstrukteur zu sein, brauchte ich Entlastung von allen anderen Dingen. So entstand die Funktion des Direktors. Ich hatte mich mit Kurtschatow beraten und danach mit der Bitte an Berija gewandt, jemanden zu benennen. Dieser Mann war Pawel Michailowitsch Sernow, Stellvertreter des Volkskommissars. Wir beide haben gut zusammengearbeitet ...

Was war Ihre erste Maßnahme?

Wir mußten einen Platz für das »Objekt« finden. Sie müssen berücksichtigen, daß wir damals ganz wenig Leute waren – mit Seldowitsch zusammen nur ein paar Mann. Uns war klar, daß wir für die Atombombe viel Sprengstoff brauchen, und deshalb mußte der Platz für das Objekt abgelegen sein. Wannikow schlug vor, zu den Betrieben zu fahren, die Munition herstellten. Wir waren an mehreren Orten. Der Platz hier schien uns am günstigsten zu sein – ein kleiner Betrieb und viel Freiraum. Ein altes Kloster, gleich daneben ein Naturschutzgebiet. 1946 wurde dann entschieden, das Kernzentrum genau an dieser Stelle aufzubauen.

Soviel mir bekannt ist, waren Sie gleich nach dem Sieg in Deutschland?

1945 wurde eine Kommission nach Deutschland geschickt. Sie wurde von Sawenjagin geleitet. Wir unterhielten uns mit den deutschen Physikern und begriffen, daß die Arbeiten zum Bau der Waffe bei ihnen kein hohes Niveau hatten. Nicht einmal Heisenberg hatte geglaubt, daß die Amerikaner die Atombombe gezündet hatten! ... Kikoin und ich begannen in Deutschland Uran zu suchen. In einem der Depots war bis kurz zuvor noch welches gewesen, aber die Militärs hatten das Uran für Farbe gehalten und herausgeschafft – Uranoxyd sieht doch leuchtendgelb aus ... An der Grenze zur amerikanischen Zone gelang es uns dennoch, etwa 100 Tonnen Uran zu entdecken. Dadurch wurde es möglich, den ersten industriellen Reaktor ein Jahr früher fertigzustellen ... Ich bin allerdings bald darauf nach Moskau zurückgekehrt, die Arbeiten zum Bau der Atombombe mußten vorangetrieben werden.

War das schon hier, in Arsamas-16?

Kurtschatow hatte unsere Ortswahl gebilligt. Wir gingen sofort daran, die Labore aufzubauen und die Kader auszuwählen. Stscholkin und ich erstellten eine erste Liste der wissenschaftlichen Mitarbeiter. Es waren siebzig. Das schien eine ungeheuer große Zahl zu sein. Es wurden Fragen laut, weshalb wir so viele brauchten. Keiner machte sich damals Vorstellungen vom Umfang der Arbeiten ... Das erste Labor war in einem Flügel des Klosters untergebracht. Wir mußten Berechnungen durchführen und experimentieren. Wir hatten bekanntlich ziemlich detaillierte Informationen von Fuchs aus Amerika bekommen. Er hatte eine Beschreibung der ersten Atombombe gegeben, und wir entschieden uns, sie nachzubauen.

Kopieren ist natürlich leichter ...

Sagen Sie das nicht! Die Arbeit war anstrengend und nervenzehrend. Um alle in der Atombombe vor sich gehenden Prozesse zu kalkulieren, mußte jeder Druck gut berechnet werden. Und der ist unterschiedlich, schließlich findet eine Detonation von Sprengstoff statt ... Da das eine sehr diffizile Arbeit ist, entschied ich mich, zwei Gruppen für die Messungen zu bilden, damit die Arbeiten parallel laufen konnten. Die erste kam zu dem Ergebnis: Das Produkt funktioniert! Die zweite – es funktioniert nicht! Wir bildeten eine Kommission, Wannikow kam selbst zu ihren Sitzungen ... Es stellte sich heraus, daß die erste Gruppe recht hatte ... Dieses Beispiel habe ich angeführt, um sichtbar zu machen, wie nervenzehrend die Situation und wie angespannt die Arbeit war.

Aber im Laufe der Arbeiten veränderten sich auch die Aufgaben?

Natürlich. In einer bestimmten Etappe brauchten wir weniger Physiker, dafür Sprengspezialisten. Chefkonstrukteur wurde Duchow – er war aus der Panzerindustrie. Wenn es notwendig war, bekamen wir alles und alle ... Anfangs konnte sich niemand das Ausmaß der Arbeiten vorstellen, und es wurde immer größer. Besonders beim Bau der Wasserstoffbombe.

Und Sie haben ständig die Amerikaner kopiert?

Natürlich nicht. Nur bei der ersten Bombe. Übrigens sind in den letzten Jahren Artikel aufgetaucht, in denen die Amerikaner versuchen es so darzustellen, daß wir angeblich nichts selbst gemacht, sondern nur bei ihnen geklaut hätten. Vor kurzem waren sie aber bei uns und haben sich davon überzeugt, daß die Arbeiten auf dem gleichen Niveau laufen. Bei der ersten Bombe haben wir die Angaben von Fuchs benutzt, das stimmt. Aber im weiteren sind wir unseren eigenen Weg gegangen. Was die Wasserstoffbombe anbelangt, so haben Tamm und Sacharow die Hauptarbeit geleistet. Wir hatten zwei Hauptabteilungen. Die eine wurde von Sacharow, die andere von Seldowitsch geleitet. Sie arbeiteten eng zusammen, deshalb ist es falsch, alles Andrej Sacharow zuzuschreiben. Er war zweifellos ein genialer Mann, aber am Bau der Wasserstoffbombe haben sowohl Sacharow als auch Seldowitsch und Trutnew ihren Anteil. Die Amerikaner hatten übrigens Ende 1949 / Anfang 1950 viele Fehler gemacht und wußten nicht, wie weiter …

Waren Sie bei den Tests der Wasserstoffbombe dabei?

Natürlich. In einer Entfernung von 70 Kilometern. Am Rande der Siedlung stand ein Gebäude, und unten waren Bänke wie in einem Amphitheater angeordnet. Dort saßen viele Militärs, sie lernten, oder besser, versuchten zu begreifen, was das ist, die Bombe … Ich war mit Igor Kurtschatow oben … Die Explosion fand in der Luft statt, die Bombe wurde von einem Flugzeug abgeworfen. Die Druckwelle erreichte uns nach drei Minuten, sie riß allen Militärs die Mützen vom Kopf. Die brauchten lange, um sie wiederzufinden … Nach der Explosion fuhren wir vor Ort, d. h. zu der Stelle, über der die Explosion stattgefunden hatte, und sahen, wie sich die Erde »aufgebläht« hatte ... Diese Waffe ist schrecklich, aber sie war notwendig, um den Frieden auf dem Planeten zu erhalten. Ich bin sicher, daß die Geschichte ohne atomare Abschreckung anders verlaufen wäre, aggressiver. Nach meiner Überzeugung ist die Kernwaffe notwendig für die Stabilisierung, sie kann einen großen Krieg verhindern, weil sich heutzutage nur ein Wahnsinniger für sie entscheiden würde. Allen am Uranprojekt Beteiligten war diese Verantwortung von Anfang an bewußt. Deshalb haben sie auch so gearbeitet, ohne sich zu schonen, deshalb sind sie mit allen Schwierigkeiten fertig geworden. Seitdem wir im Besitz moderner Kernwaffen sind, entsprechen sie den härtesten Anforderungen. Dennoch weise ich stets auf die Sicherheitsproblematik hin, auf den Komplex von Maßnahmen, die diese Sicherheit garantieren müssen. Darin sehe ich heute das Hauptproblem. Die übrigen haben wir bereits früher gelöst ...

Wladimir Belugin

Direktor des Föderativen Kernforschungszentrums Arsamas-16

*Wladimir Alexandrowitsch, hat Ihr Name etwas mit der Wolga zu tun?**

Durchaus. Im Gouvernement Simbirsk gab es das Dorf Belugino, und seine Einwohner haben Hausen gefangen. Dieser Beruf galt immer als etwas Besonderes unter den Fischern. Heute ist er leider vergessen.

Haben Sie denn mal einen Hausen gefangen?

Nein ... Ich habe nur ein Exponat im Kasaner Museum gesehen. Nicht das größte Exemplar, es wiegt so etwa 800 Kilo, ist 5 Meter lang. Zu Beginn des Jahrhunderts fing man welche, die wogen bis zu 1200 Kilo.

* Beluga (russ.) – Hausen, ein in der Wolga früher verbreiteter Fisch.

Wie sind Sie aus dem Dorf Belugino nach Arsamas-16 gekommen?

Meine Biographie ist ziemlich trivial. Interessant ist nur, daß es mich zweimal hierher verschlagen hat. Das erste Mal zusammen mit meinem Vater während der Evakuierung. Wir kamen aus Kramatorsk, wo er gearbeitet hatte ... In Arsamas wurde die Kolonne »halbiert«, ein Teil mußte ins Werk Uralmasch, wir hierher. Unser Zug ist übrigens bombardiert worden. Wir hatten eigenartigerweise keine Angst. Wir sahen, wie die Flugzeuge angeflogen kamen, überall Bomben explodierten ... Wir waren eben jung, hatten keine Ahnung ... An drei Tage meiner Kindheit kann ich mich gut erinnern: an den Beginn des Krieges, an den Tag des Sieges und an die Abschaffung der Lebensmittelkarten 1947 ... Damals schien es unfaßbar, in einen Laden gehen zu können und so viel Brot zu kaufen, wie man will. In Sarow, wo sich das Werk Nr. 550 befand, mußten Ausrüstung und Personal verstärkt werden, denn hier wurden Geschosse für die »Katjuschas« produziert. Nach dem Krieg fuhren fast alle wieder weg, nur ein bis zwei Leute blieben. Ich war 1948 mit der Schule fertig, wurde aber ein Jahr lang nicht weggelassen. Den Grund erfuhr ich erst später – die ersten Atombombentests hatten 1949 stattgefunden. Ein Tag vor Annahmeschluß der Immatrikulationsunterlagen hat man ein paar von uns dann doch noch ziehen lassen. Die Atombombe war schon von hier abtransportiert worden, und Pawel Michailowitsch Sernow, der erste Direktor des Objekts, war einverstanden mit unserem Studium. Er hat uns sehr geholfen. Er bestand darauf, daß wir Schüler unsere Ausbildung fortsetzen konnten. Ihm war bewußt, daß man auch an die Zukunft denken muß, und äußerste Geheimhaltung ist dabei manchmal hinderlich. Er ging zu Berija, stellte seine Forderungen, und daraufhin ließ man uns elf Schüler hier raus. Wir konnten aber nur zwischen vier Wolgastädten wählen. Das Luftfahrtinstitut war in Kasan, dort habe ich dann studiert ... Nach dem Studium bin ich ins Flugzeugwerk gegangen. Wir haben Motoren für Langstreckenbomber hergestellt. Übrigens waren das damals die modernsten Motoren der Welt. Ein Jahr lang habe ich als Obermeister gearbeitet. Anfang 1956 kam das »Tauwetter«. Bis zu diesem Zeitpunkt waren wir im Werk wie kaserniert, zwei Schichten à zwölf Stunden, obwohl der Krieg längst aus war. Aber das Regime war das alte, und deshalb durchliefen wir eine gute Schule. Nur ein Beispiel: Ich war gerade erst in den Betrieb gekommen und schon erhielt ich den Befehl, die Motorenproduktion zu verdreifachen. Und das in nur zwei Monaten. Auf derselben Basis, mit denselben Leuten ... Heute würde man so eine Aufgabe nicht nur nicht lösen, man würde sie nicht einmal näher ins Auge fassen, würde gleich sagen unmöglich! Abcr damals wurdc sic gclöst. Statt dreißig Motoren pro Monat produzierten wir neunzig ... Was das kostete? In den Aufenthaltsräumen standen Klappbetten, du schläfst ein bißchen, und dann geht es wieder ran an die Arbeit ... Die Arbeiter wurden natürlich gut bezahlt, und wir Ingenieure bekamen Prämien ...

Als das »Tauwetter« begann, wurde der zweite Schub im »Objekt« gebraucht. 1946 hatte man aus Wissenschaft und Industrie jede Menge Kernphysiker geholt. Seit dieser Zeit waren sie im »Objekt« heimisch geworden, eine junge Physikergarde wuchs schon heran. Daher sollte der neue Schub aus Konstrukteuren und Ingenieuren bestehen. Im Ural war ein zweites »Objekt« gebaut worden, beide brauchten Fachleute. Als ich hörte, daß man bei mir zu Hause im Werk an der Wolga auch Leute sucht, wollte ich natürlich hierher. Zwei Hallenchefs vom Motorenwerk und viele Konstrukteure und Ingenieure kamen ebenfalls mit. Wir wurden schnell eingestellt. Im Unterschied zu den anderen wußte ich genau, wohin ich fahre und wozu. Zuerst arbeitete ich im Werk, später als Konstrukteur ... Dann bot man mir an, Bürokrat zu werden, d. h., in die Leitung zu gehen, und ich habe aus irgendeinem Grund ja gesagt. Das habe ich nach kurzer Zeit bereut und wollte zurück, aber nun bin ich schon seit 1972 hier. Ich habe meine normale Tätigkeit aufgegeben und bin ein ganz gewöhnlicher sowjetischer Bürokrat geworden.

Ist der Humor bei Physikern erblich, oder entsteht er durch die Arbeit?

Bei uns geht es nicht ohne. Unsere Arbeit ist zu ernst, deshalb lachen Physiker gerne.

Sie haben also General Negin auf dem Direktorenposten von Arsamas-16 abgelöst?

Ja. Er meint, es sei heute viel schwerer, Direktor zu sein als früher.

Warum?

Wir bekommen ständig zu hören, wir sollten in den Westen fahren und dort lernen, wie Betriebe und Institute geleitet werden. Wissen Sie, ein amerikanischer Manager kann nicht mal ein Zehntel von dem, was bei uns ein Direktor machen muß. Ich habe mich davon sowohl in der Tschechoslowakei als auch in den USA überzeugen können. Die müssen sich beispielsweise keinen Kopf darüber machen, wie sie ihre Leute satt kriegen, wie sie Wurst, Fleisch, Milch und Kartoffeln ranorganisieren. Sie müssen ihre Mitarbeiter nicht mit Wohnraum versorgen, sich nicht um Krippenplätze kümmern und Ferienlager. Sie muß nicht interessieren, ob das Verkehrsnetz funktioniert, ob die Energie ausreicht, nicht nur für die eigene Produktion, sondern für die ganze Stadt. Ob kaltes und heißes Wasser da ist und, Pardon, die Sanitäranlagen in Ordnung sind, die medizinische Betreuung klappt und, und, und! Außerdem ist der Direktor für die Sicherheit zuständig – manchmal versuchen Elche oder Betrunkene, über den Stacheldraht zu klettern. Also eine Menge ganz verschiedener Probleme, von denen die Direktoren dort keine Ahnung haben, die für sie keine Rolle spielen ... Ich will nicht auf Details eingehen, aber unser System hat weitaus mehr Mängel, denn dort befaßt sich jeder nur mit seinen unmittelbaren Aufgaben. Unser System mag vielleicht ökonomischer gewesen sein, aber dennoch weniger vollkommen.

Ökonomischer?

Ja, zweifellos. Wir arbeiten und kalkulieren wesentlich billiger als der Westen. Das wird aus irgendeinem Grunde von niemandem anerkannt. Aber so ist die Realität, und zwar nicht nur in unserem Institut, sondern in der gesamten Industrie, zumindest in der Verteidigungsindustrie, die ich ziemlich gut kenne. Vielleicht ist es sinnvoll, das westliche

System zu übernehmen, aber dann müßten wir den Leuten als erstes zehnmal und sogar hundertmal höhere Gehälter zahlen. Nur so können sie sich um Wohnraum, Essen und Erholung selbst kümmern, und die Werkdirektoren werden davon entlastet. Aber solange das noch nicht ist ... Früher wurden wir tatsächlich vom Staat versorgt. Es gab solche Papiere mit roten Streifen ... Wenn wir so ein Papier an einen Betrieb schickten, dann wurde dort alles andere beiseite gelegt und unsere Anforderung erfüllt. So war es unter Stalin und unter Berija, aber auch viele Jahre später wurde dieser Mechanismus beibehalten. Ich erinnere mich an folgende Geschichte aus meiner eigenen Praxis. Als wir 1958 eine »Sitzung« vorbereiteten (als »Sitzung« bezeichneten wir Testserien), brauchten wir zu irgendeinem Zweck zwei bis drei Kilo Quecksilber. Ich weiß nicht mehr präzise, wieviel, aber eben eine ziemlich große Menge ... Unsere Anforderung passierte unverzüglich die Staatliche Plankommission (»unverzüglich« heißt im Laufe von zwei bis drei Tagen), und wir bekamen das Quecksilber. Danach fehlten im ganzen Land drei oder vier Jahre Fieberthermometer. Wir haben selbst darunter gelitten, in keiner Apotheke war mehr ein Thermometer zu finden. Auch die Versorgung lief anders. Wurst aus Moskau hierherzubringen, war natürlich albern ... In den ersten Jahren wurde sogar die Wäsche zum Reinigen nach Moskau geflogen. Aber das Werk wurde größer, die Stadt ebenfalls – wir brauchten Lebensmittel vor Ort. Also wurde in der Nähe ein Fleischkombinat gebaut, das zu 99 % für uns produzierte. Die Qualität war großartig, besser als in Moskau. Später verschwand das alles nach und nach ... Zuerst hat die Gebietsleitung der Partei unseren Anteil auf 70% gesenkt, der Rest ging an sie, die essen dort auch gern was Gutes. Jetzt sind wir der Gebietsverwaltung überhaupt egal, und ich bin gezwungen, rumzulaufen und Sachen ranzuschaffen, einen Diener zu machen und danke zu sagen und wieder danke zu sagen und einen Diener zu machen.

Ich verstehe, daß Sie gekränkt sind. Aber trotzdem hat das Land ihretwegen keine Thermometer gehabt.

Konkret betrachtet, war es natürlich falsch. Wenn man das Problem aber als Ganzes sieht, so war es schon richtig. Jedes Land muß bestimmte Ziele haben, ganz gleich ob es sich um Nikaragua oder Rußland handelt. Ein Hauptziel ist offenbar, als Staat unabhängig, souverän und geachtet zu sein. Das erfordert aber eine bestimmte Basis, und dafür müssen die notwendigen Mittel zur Verfügung gestellt werden. So war es auch früher, nur daß es oftmals mit barbarischen Methoden geschah – Häftlinge, Lager, Zwang usw. Aber es gab Aufgaben, die Ziele waren festgelegt, und deshalb hatten wir auch Resultate. Jetzt gibt es keine Aufgaben mehr ...

Vielleicht scheint Ihnen das nur so? Sie haben doch eine Hauptaufgabe – den Bau einer perfekten Atomwaffe, die den gegenwärtigen Erfordernissen entspricht. Richtig?

Nicht ganz, denn es existiert kein Plan, nichts Definitives. Der Präsident Rußlands war hier und hat laut und vernehmlich gesagt, daß wir doch noch gebraucht werden. Zuvor hatten mehrere Politiker, Ökologen und Wissenschaftler öffentlich erklärt, daß unsere

Arbeit unnötig sei und dem Planeten nur schaden würde. Jetzt heißt es – wir werden gebraucht! Aber in unserem System, bei unseren Strukturen ist das zu wenig. Hier achtet doch niemand die Gesetze oder Vorschriften ... Diese Unbestimmtheit – das ist unser eigentliches Problem. Wir behaupten ja gar nicht, daß wir weiter alle Arten Atomwaffen herstellen müssen und möglichst viele davon. Uns ist klar, daß die Produktion auf ein bestimmtes Minimum reduziert werden muß, so daß die Sicherheit garantiert bleibt. Aber was »Sicherheit« und was »ausreichend« heißt, das weiß bislang noch keiner. Jeder fühlt sich wie ein kleiner Napoleon und meint natürlich, er wisse Bescheid, aber es gibt keine klare Staatspolitik. Wir brauchen eine bestimmte Sicherheitsdoktrin, in der der Platz für die Atomwaffen definiert ist. Die Politiker müssen sie gemeinsam mit den Fachleuten erarbeiten. Ich betone – gemeinsam mit den Fachleuten, denn die Politiker alleine können sonstwas anrichten, so daß man sich nachher jahrelang rechtfertigen und korrigieren muß, wenn es überhaupt möglich ist, sich zu korrigieren. Leider gibt es viele solcher Beispiele in der jüngeren Vergangenheit und auch heute noch. Der Platz der Atomwaffen innerhalb der Militärdoktrin muß also definiert werden und ein dementsprechendes Programm aufgestellt werden. Das ist für jede Produktion Gesetz. Sogar wenn Sie Bananen züchten wollen, kommen Sie nicht ohne Programm aus. Die Menschen müssen wissen, inwiefern sie gebraucht werden, was sie in diesem Jahr zu tun haben und was in fünf Jahren. Ich sage dies weniger in bezug auf die Produktion als auf die Wissenschaft und die Kalkulationen. Erst dann wird auch wieder Vertrauen da sein, Effektivität und alles, was sich mit einem positiven Vorzeichen versehen läßt. Das gerade fehlt heute.

Weder die früheren noch die heutigen Politiker können eine solche Doktrin selbst aufstellen. Offensichtlich müssen Sie Ihr eigenes staatspolitisches Konzept haben und damit vor die Regierung, vor den Obersten Sowjet und vor den Präsidenten treten. Haben Sie ein solches Konzept? Eine andere Frage ist, ob man damit einverstanden sein wird oder nicht, aber zumindest wäre das ein Ausgangspunkt für Diskussionen und Entscheidungen.

Wir haben uns mit Vorschlägen sowohl an Gorbatschow als auch an Jelzin gewandt. Wir beanspruchen nicht, der Weisheit letzten Schluß gefunden zu haben, aber wir vertreten unsere Auffassung von der Rolle und dem Platz der Atomwaffen in der heutigen Welt. Papiere der verschiedensten Geheimhaltungsstufen sind nach »oben« geschickt worden – ich glaube, in den letzten Jahren haben wir uns fast nur damit befaßt. Gorbatschow wurde von uns regelrecht verfolgt, aber er war kein einziges Mal so gnädig, uns zu antworten. Es gibt nur eine Notiz von ihm, daß man sich mit diesem Problem beschäftigen müsse, das ist alles ... Der politische Hickhack hat uns nichts Gutes eingebracht. Der Verwaltungsapparat sollte reduziert werden, aber in Wirklichkeit wurde er aufgebläht. Immerzu tauchen neue Leute auf, die Strukturen sind instabil. Es gibt keine Kontinuität ... Dabei sind Traditionen doch gar nichts Schlechtes, eine andere Sache ist, daß sie nicht verkrusten dürfen, sondern erneuert und vervollkommnet werden müssen. Aber da kommen neue

Leute ohne Traditionen und, was das Traurigste ist, ohne Verständnis für das Problem. Manchmal stellen sie derartig naive Fragen, daß es mir schleierhaft ist, wie sie darauf gekommen sind. Deshalb erwarte ich auch nichts Seriöses von solchen Leuten. Von Natur aus bin ich dennoch ein Optimist und hoffe, daß in den nächsten Monaten eine Stabilisierung eintritt, die Probleme der Sicherheit und der ausreichenden Verteidigungskraft entschieden werden, und folglich auch der Platz unserer Atomwaffen definiert wird.

Könnten Sie kurz, ohne Zahlen und geheime Daten zu nennen, das staatliche Atomwaffenprogramm charakterisieren? Natürlich aus ganz persönlicher Sicht.

Damit es jede Hausfrau versteht?

Ja. Schließlich sind Sie nicht für die Präsidenten und Regierungen da, sondern für jeden von uns.

Das ist schwer, denn die Sicherheitsproblematik scheint dem Menschen, seinen Alltagsbedürfnissen fernzuliegen. Für die Hausfrau ist klar, daß sie Wurst, Brot und Milch braucht, aber wozu braucht sie die Bombe? Die junge Generation lebt nicht mehr mit unserem Gefühl für Gefahren. Früher wurde in der Gesellschaft oft die Gefahr übertrieben – als der Krieg vorbei war, hat man gesagt, daß sich das nicht wiederholen darf. Es ist ganz klar, daß ein so gewaltiger Produktionsumfang unnötig ist. Meiner Meinung nach muß der Entwicklung, der Konstruktion und der Vervollkommnung der Waffen, nicht nur der Kernwaffen, mehr Aufmerksamkeit geschenkt werden. Aber ihre Produktion in so gewaltigen Quantitäten ist Wahnsinn. Das Land verfügt über eine potente Basis, bislang ist sie noch nicht zusammengebrochen, sie muß erhalten werden, denn man kann sie sehr schnell umorientieren. Auf alle Produkte, die das Land braucht. Die Verteidigungsproduktion muß auf minimalem Niveau gehalten werden, und die Hauptaufmerksamkeit muß, auch finanziell, der Wissenschaft und den Technologien gelten. Sie sind die Grundlage für die Entwicklung der Verteidigungsindustrie. Welche Funktion den Atomwaffen zukommt? Wichtig ist, daß man uns achtet Daß jeder begreift – ungestraft kann er keinen Unfug treiben. Wenn ich weiß, daß mein Nachbar im Dorf ein Ferkel besitzt, dann kann ich es stehlen ...

Gibt es denn Leute, die darauf aus sind?

Ich weiß, er hat ein Ferkel, ich habe keins, aber ich hätte sehr gern eins. Er ist schwach, mein Nachbar, da gehe ich hin und nehme es weg. Aber wenn die Gefahr besteht, daß er mir zumindest Pfeffer in den Hintern bläst, dann denke ich dreimal nach, bevor ich ein Auge auf sein Ferkel werfe. Vielleicht ist das kein sehr glückliches Beispiel, aber es kam mir jetzt in den Sinn.

Es ist schon gerechtfertigt, schließlich erklären wir Hausfrauen die Nuklearstrategie. Das Ferkel ist sehr überzeugend.

Unwillkürlich muß ich denken, daß wir allmählich wie der schwache Nachbar aussehen. Wenn man sich die Situation in der Welt aufmerksam ansieht, kommt man nicht umhin, die Haltung einiger westlicher Politiker zur Kenntnis zu nehmen. Sie gehen zunehmend mit uns um, wie mit einem drittrangigen Land. Noch in jüngster Vergangenheit wäre das unvorstellbar gewesen. Das mag sehr subjektiv klingen, aber wir führen ein offenes Gespräch, und deshalb finde ich es unnötig und gefährlich, mit meiner Meinung hinterm Berg zu halten. Ich glaube, wenn wir weiter unsere Vorstellungen über die Sicherheit des Landes, über seine Verteidigung und seine Armee aufweichen, dann ist die Einmischung irgendwelcher »Blauhelme« oder anderer »wohlwollender« Herrschaften völlig real. Großmacht zu sein heißt vor allem, daß man Achtung genießt. Es heißt aber auch, Kraft und Stärke zu besitzen, über die die Welt Bescheid wissen muß. Ich rede nicht von einer Vormachtstellung, aber die Parität muß gewährleistet sein. Was die Amerikaner machen, wissen wir. Was wir machen, wissen sie genauso gut. Natürlich nicht bis ins Detail, nicht bis hin zu den Konstruktionen und Technologien, aber die grundlegenden strategischen Daten sind ihnen bekannt. Wenn wir uns als gleichberechtigtes Land fühlen wollen, dann müssen wir es auch mit realen Mitteln schützen. Da Sie darum gebeten haben, werde ich keine konkreten Zahlen hinsichtlich der Atomwaffen nennen, aber eins ist klar: Sie müssen wesentlich modernisiert werden. Wir haben jahrzehntelang Waffen hergestellt, sie ebenfalls. Aber die Amerikaner schlafen nicht, sie verbessern ihre Waffen. Wir tun das auch. In erster Linie, um die Sicherheit zu erhöhen. Hier gibt es eine Reihe neuer Ansätze, ich möchte nicht ins Detail gehen. Die Hauptsache ist, jeden Zufall auszuschließen, damit sich die eigene Bevölkerung völlig sicher fühlen kann. Die Atomwaffen müssen effektiver werden, d. h. die notwendigen Ziele mit geringerem Aufwand erreicht werden. Damit meine ich nicht ihre Treffgenauigkeit, sondern die Strategie.

Bleiben wir bei der Sicherheit der Waffen. Was verstehen Sie darunter?

Es gibt dafür neue Lösungen. Wir kennen sie und die Amerikaner auch. Vor allem darf es auf keinen Fall zu einer Freisetzung von Plutonium kommen. Bei Havarien etwa oder terroristischen Angriffen. Dafür sind Tests notwendig. Nicht so viele wie früher, bedeutend weniger, aber sie sind notwendig. Die Bandbreite der Waffen muß radikal reduziert werden. Meiner Ansicht nach besteht keine Notwendigkeit, strategische und taktische Streitkräfte sowie verschiedene andere atomar ausgerüstete Truppengattungen zu haben. Die atomaren Streitkräfte müssen selbständig sein. Denn die Begriffe »strategische« und »taktische« Nuklearwaffen sind abstrakt. Mit den taktischen Waffen kann man dem Feind und sich selbst einen solchen Schaden zufügen, daß man sie nicht von den strategischen unterscheiden kann ... Die Kernwaffen auf verschiedene Truppengattungen aufzuteilen ist gefährlich, schon allein deshalb, weil die Armee im Zerfall begriffen ist.

Sind Sie der Auffassung, daß das wissenschaftliche, das Konstruktions- und Ingenieurpersonal bislang in der Lage ist, die Sicherheit der Kernwaffen und ihr modernes Niveau zu garantieren?

Unbestritten. Wir sind in der Lage, das zu garantieren. Bislang. Genau das ist es – bislang!

Das bedeutet, heute hängt nicht alles von den Möglichkeiten der Wissenschaft und der Fachleute ab, sondern nur von politischen Entscheidungen?

Einzig und allein.

Scheint Ihnen nicht, daß im letzten Jahrzehnt ein sehr

großer Fehler begangen wurde? Bei uns und in den USA lagern so viele Kernwaffen, daß damit jedes Land der Erdkugel etwa fünfzehn- bis sechzehnmal vernichtet werden könnte. Der Begriff »neues Denken« meinte: Es ist ausreichend, bei uns und in den USA so viel Kernsprengsätze zu belassen, daß der »Vernichtungskoeffizient« eins beträgt. Dann könnten wir das Rüstungsniveau beträchtlich senken, die Militärausgaben würden sich dadurch wiederum auf ein Zehntel reduzieren, denn sie haben heute auf dem Planeten wahrhaft astronomische Größen erreicht ... Wozu braucht man dreißigtausend Gefechtsköpfe? Fühlen Sie sich nicht schuldig, der politischen Führung des Landes die Sinnlosigkeit des atomaren Wettlaufs nicht bewiesen zu haben? Ich unterstreiche – gerade Sie, denn Sie kannten die wahre Lage der Dinge besser als die Politiker.

Wir haben davor gewarnt, sowohl vor fünf Jahren als auch vor sieben Jahren. Aber man hat uns gesagt: »Das ist nicht eure Angelegenheit!« Jetzt zur Schuldfrage ... Natürlich kann man sich an die Brust schlagen und bereuen. Aber weder die Wissenschaftler noch die Technologen (und zu ihnen zähle ich mich), die die Bombe gemacht haben, fühlen sich schuldig, denn unsere Psychologie war anders. Schließlich kann man nicht jedes Ereignis der Vergangenheit von heutigen Positionen aus betrachten, ohne dabei die Situation in der Welt, die Psychologie der Menschen und die reale Lage zu berücksichtigen. Wir mußten damals die Sicherheit unseres Landes gewährleisten. An viele Fragen wurden wir nicht herangelassen. Wir kannten unsere Geheimnisse und haben sie gehütet, aber wir hatten weder Ahnung von der Anzahl und erst recht nicht von der Zielrichtung unserer »Produkte«. Das wurde auch vor uns geheimgehalten ... Ich will nicht verbergen, daß wir ein ungutes Gefühl hatten. Und zwar lange vor der Perestroika, als man anfing, uns bestimmte Beschränkungen aufzuerlegen. Nicht sehr stark, aber immerhin merkten wir, daß die Mittel knapper wurden. Damals begannen wir, uns zu empören: Warum werden so gewaltige Mittel nicht richtig genutzt? Wir boten an, die eine Richtung zu stoppen und alle Anstrengungen auf eine andere zu konzentrieren ... Wir wußten schließlich, was die Amerikaner besaßen und daß unser Waffenspektrum wesentlich breiter war. Daher boten wir an, zu reduzieren, sämtliche Mittel in die modernsten Techniken zu stecken, die für die Zukunft einen großen Effekt versprachen. Aber wir stießen damit auf Granit ... Nein, Schuld empfinden wir dennoch nicht. Wir wurden so erzogen, daß wir in der vordersten Linie stehen, daß die vierzig Jahre Frieden auf dem Planeten auch unser Verdienst sind, daß die Verteidigungsfähigkeit der Heimat garantiert sein muß. Daher nahmen wir unsere Selbstachtung und wurden auch von anderen geachtet ... Dann spürten wir zunehmend, daß zu viele inkompetente Leute »oben« sitzen, anfangs nur an einzelnen Fakten. Als wir erfuhren, daß die Führung des Landes in Atomwaffenfragen von Leuten beraten wird, die davon nichts verstehen, schlugen wir Alarm. Aber leider hörte niemand auf uns, bis heute nicht. Vielleicht sind sie taub?

Bitte erläutern Sie in groben Zügen, was das Institut darstellt, dessen Direktor Sie sind.

Es ist eine solide Einrichtung mit gewaltigen Potenzen, die heute nur zur Hälfte genutzt werden. Nach dem Trägheitsgesetz bewegt sie sich noch vorwärts, weil die Masse groß ist. Und bekanntlich ist ja das Beharrungsvermögen um so stärker, je größer die Masse ist. Aufgrund der Traditionen und der zur Verfügung gestellten Mittel versucht unser Institut weiterzumachen. Aber wenn sich die Lage nicht ändert, wird sich bald nichts mehr bewegen.

Jetzt wollen die Amerikaner und die Franzosen mit dem Institut kooperieren. Nehmen wir an, Sie wären Franzose und können nach Arsamas-16. Was würde Sie am meisten verblüffen?

Das, was es in Frankreich nicht gibt.

Und was gibt es dort nicht?

Über Frankreich weiß ich fast gar nichts ... Etwas anderes sind die Amerikaner. Sie haben viel. Übrigens nutzen sie die Mittel ausgesprochen effektiv. Trotzdem nutzen wir dieselben Mittel noch viel effektiver. Ja, ja, genau so ist das. Sie werden hundertmal besser finanziert als wir, unsere Kosten sind aber einige hundertmal niedriger als die der Amerikaner. Wir sind viel billiger, sowohl in der materiellen Basis als auch im Budget der Bezahlung der Technologen – in allem. Wir selbst kosten den Staat Hunderte Mal weniger, also auch unsere Waffen. Dennoch machen wir, zumindest bislang, ein und dasselbe.

Dabei würden Sie schon weitaus besser leben, wenn Sie nur zehnmal billiger wären?

Und ob! Wie die Krösusse!

Worauf sind Sie als Direktor besonders stolz?

In erster Linie auf die Menschen. Und natürlich auf die Traditionen. Ihr Grundstein wurde von Hunderten

Menschen gelegt, entwickelt haben sie sich über Jahrzehnte hinweg. Unser Fachgebiet entstand vor relativ kurzer Zeit, es gehört zu den jüngsten. Von Anfang an wurde allen beigebracht, daß sie eine sehr verantwortungsvolle und notwendige Arbeit leisten, ohne die das Land nicht existieren kann. Und eine sehr gefährliche. Bei allen Menschen hat sich ein hohes Verantwortungsgefühl ausgeprägt ... Gestern war beispielsweise der Vizegouverneur hier, er wollte sich ein Bild über die Konversion machen. Ihn interessierte, wie wir der Wolgaregion helfen könnten. Wir haben ihm unsere Arbeiten für ein Kupferschmelzkombinat gezeigt – riesige Platten ... Mit unseren Methoden senken wir den Verbrauch an Elektroenergie um einiges, und die Qualität ist unvergleichbar, auch das Arbeitstempo ist ungewöhnlich hoch. Wir nutzen dafür die Sprengmethode, schließlich haben wir viel Erfolg mit konventionellem Sprengstoff. Wir können achtzehn Punkte auf einmal sprengen und stanzen ... Der Vizegouverneur schaute sich alles an, und dann stellte er Fragen: Weshalb ist das so? Warum so viele Instruktionen? Und so weiter ... Wir antworteten: Wir haben unsere eigenen Traditionen, und die sind mit Blut erarbeitet, unter ständiger Gefahr. Äußerlich scheint der Arbeitsvorgang einfach zu sein, aber wenn man ihn in die normale Produktion überführen würde, ginge bestimmt etwas schief. Man braucht nur daran zu denken, wie viele Munitionslager in die Luft fliegen. Es ist auch unerheblich, was irgendwelche staatlichen Kommissionen entscheiden, denn uns ist klar, daß das Wichtigste fehlt – eine Arbeitskultur, die bereits zur Tradition geworden ist ... Leider ist auch unser traditionelles Verantwortungsgefühl, die Ernsthaftigkeit, mit der wir an unsere Aufgabe herangehen, gefährdet, denn die zwei oder drei Generationen, die begonnen haben, die Atomwaffen zu bauen, treten allmählich ab, und junge Leute haben wir praktisch nicht. Wenn wir in guten Zeiten 500, 600 und sogar 800 junge Fachleute aus den besten Instituten geholt haben, so kommen sie jetzt einfach nicht mehr zu uns, weil wir ihnen keine Wohnung und keine Gehälter geben können. Wenn die Alten gehen und mit ihnen die Traditionen abreißen, ist alles vorbei. Bleiben wird dann die materielle Basis, wunderbare Ausrüstungen, aber es wird keine Fachleute geben ... Nur wenn wir die Traditionen erhalten können, besteht Hoffnung, daß sich alles regeneriert.

Eine provokative Frage: Gibt es in der modernen Wissenschaft und Technik ein Problem, das Ihr Kollektiv nicht lösen kann?

Sicher gibt es das. Beispielsweise haben wir keine Fachleute, die den menschlichen Organismus verjüngen könnten. Uns beschäftigen aber übrigens auch biologische Probleme. So gibt es Ideen, wie man Wunden schneller heilen kann. Innerhalb einiger Minuten, sogar noch schneller. Auch zum Problem der Verjüngung haben wir Hypothesen. Zwar wird niemand von uns in einen kleinen Jungen zurückverwandelt werden, aber um etwa dreißig Jahre jünger könnte man schon werden.

Sie müssen das Kernforschungszentrum auf der Stelle schließen und alle Kräfte auf dieses Problem konzentrieren. Ich bin sicher, da werden sich augenblicklich Mittel finden!

Scherz beiseite, aber vergessen Sie nicht, daß wir einmalige Apparaturen haben, auch Laser- und Plasmaapparaturen usw. Heute denken wir darüber nach, wie wir sie am effektivsten auf verschiedenen Gebieten einsetzen können. Einerseits verfügen wir über eine ausgesprochen beeindruckende materielle Basis. Andererseits ist sie nicht ausreichend, weil die Intentionen der Wissenschaftler immer größer sind als die vorhandenen Möglichkeiten. Unsere Technik wurde in den 70er Jahren entwickelt, die Technologien stammen vom Ende der 70er Jahre, realisiert wurden sie 1985. Die Ausrüstung gilt als die beste in Europa, aber sie ist moralisch bereits veraltet, weil wir wissen, wie man es besser machen kann. Das ist ein endloser Prozeß. Wir haben beispielsweise einen Laser, »Iskra-5«. Die Amerikaner haben einen stärkeren. Ich war dort, habe mir alles angeschaut. Ich muß sagen, ihre Ingenieure sind nicht so gut wie unsere, auch wenn sie dort anders genannt werden. Ihre Apparatur ist unheimlich groß, dabei nur dreimal stärker als unsere, kostet aber hundertmal mehr ... Kurz gesagt, wir haben eine sehr breite Basis, und auf deren Grundlage können wir unterschiedliche Aufgaben auf dem Niveau der 80er Jahre lösen. Was jedoch die 90er Jahre und das nächste Jahrtausend angeht, so müssen unbedingt neue Apparaturen geschaffen werden ... Nehmen Sie zum Beispiel den »BIGR« – den größten gepulsten Graphit-Reaktor auf der Welt. Er ist sehr kompakt, die aktive Zone beträgt lediglich etwa einen Meter, aber er liefert die Leistung der Niagarafälle. Dabei wurde eine Reihe technischer Lösungen angewandt, die die Amerikaner nicht realisieren konnten, und deshalb verfügen sie nicht über so einen Reaktor. Und sie wissen auch nicht, wie man ihn herstellt. Wir aber könnten ihn inzwischen noch besser und stärker bauen. Dafür brauchten wir nach den alten Preisen zehn bis fünfzehn Millionen Rubel. Dieses Geld können wir heute nicht mehr auftreiben. Die Amerikaner mußten eingestehen, daß sie in dieser Problematik fünfzehn Jahre zurückliegen. Sie haben von uns gelernt, ihre führenden Fachkräfte haben, wie sie selbst zugeben, bereits in den 70er Jahren wissenschaftliche Arbeiten über uns geschrieben. Es gibt Bereiche, in denen wir weit nach vorn geprescht sind, aber jetzt werden sie uns einholen, und zwar sehr schnell, denn im Vergleich zu uns haben sie unbegrenzte Möglichkeiten, nicht nur finanziell – ihnen wird einfach große Aufmerksamkeit geschenkt.

Ist es richtig, daß für Sie gerade jetzt die »Stagnationszeit« angefangen hat?

Ja, absolut! Früher war der Begriff »Stagnation« für uns kein Thema. Wir haben sie nicht gespürt, sondern einfach gearbeitet. Jetzt aber fangen wir an zu begreifen, was dieses Wort bedeutet, und es setzt eine allmähliche Demoralisierung bei uns ein.

Was ist, rein wissenschaftlich gesehen, das Besondere an Ihrem Zentrum?

Wir hatten immer ein enggestecktes Ziel – den Bau der Waffen. Aber um dieses Ziel zu erreichen, mußten wir auf einem sehr breiten Spektrum arbeiten. Neue Bereiche mußten erforscht und aufgebaut werden – auf dem Gebiet der Meß-, der Impuls- und der Hochgeschwindigkeitstechnik. Und noch eine weitere Besonderheit: Wir hatten kein Recht, irgendwelche

Importe zu benutzen, unser Gebiet durfte nicht von ausländischen Zulieferungen abhängig sein, d. h., wir arbeiteten nur mit eigenem Material. Außerdem war ja bekannt, daß wir aus dem Westen nicht das Beste, sondern das Schlechteste bekamen. Wir mußten also alles selbst herstellen. Wir hatten etwa dreißig Abteilungen, die sich mit diesem Problem beschäftigten.

Kann man sagen, daß Sie die Industrie auf ein neues Niveau gehoben haben?

Ich will nicht behaupten, daß wir so einen gewaltigen Einfluß auf die gesamte Industrie hatten, aber immerhin haben wir veranlaßt, daß neue Technologien und Materialien entwickelt wurden. Es gab Zeiten, da wurden wir mit offenen Armen empfangen, zumal wir nie viel brauchten. In der Industrie geht es um andere Größenordnungen – Hunderte Tonnen, Tausende Exemplare. Uns reichte ein halbes Kilo, zwei Container, eine Apparatur, hundert Meter. Aber unsere Anforderungen haben die Technik gezwungen, sich weiterzuentwickeln.

Es wurden also hundert Meter für Sie und danach Kilometer für andere produziert?

Leider hatte in der Regel keiner daran Interesse ... Aber es gab auch andere Beispiele. Wir brauchten Beryllium, bei einer Reihe von Produkten kamen wir nicht ohne es aus. In Ust-Kamenogorsk wurde extra für unsere Zwecke ein Kombinat gebaut. Später fand aber dieses Beryllium in der Raketentechnik und in der Luftfahrt Anwendung. Es erwies sich als guter Zusatz für höchstfeste Materialien. Wir nutzen nur zwei bis drei Prozent der Produktion des Kombinats. Anfangs ist immer schwer vorauszusehen, wo eine neue Technologie später gebraucht werden wird. Wichtig ist, daß wir sie haben, dann brauchen wir sie nicht im Ausland zu kaufen.

Gibt es in dieser Welt etwas Komplizierteres als den Kernsprengsatz, die Atombombe?

Eine widersprüchliche Frage. Ich könnte sofort sagen – vieles! Sieht man aber nicht nur die statische, fertige Apparatur, sondern die gesamte Arbeit daran, die intellektuellen Leistungen, die vielen kompliziertesten Aufgaben, die gelöst werden müssen, so läßt sich eindeutig sagen – es gibt nichts Komplizierteres! Die Konstruktion als solche, das fertige Produkt, ist sogar weniger kompliziert als z. B. ein Raketenmotor. Das Schema der Atombombe ist ausgesprochen einfach, aber es in eine reale Konstruktion umzuwandeln, ist außergewöhnlich kompliziert. Es werden nicht nur extrem hohe Temperaturen und Drücke erzeugt, sondern alles läuft auch in einer ungeheuer kurzen Zeitspanne ab. Das zu synchronisieren ist sehr schwer ... Der Mensch kann eigentlich nicht erfassen, was da vor sich geht, der Verstand weigert sich, es zu begreifen ... Das ist wie in dem Witz vom englischen Parlament. Hundert Millionen Pfund Sterling für Militärausgaben wurden auf der Stelle bewilligt, aber als der Heizer dreißig Pfund mehr wollte, weil es sonst im Parlament kalt sein würde, da haben sie drei Tage lang debattiert. Denn jeder begriff sehr wohl, was dreißig Pfund bedeuten. Hundert Millionen aber sind eine rein abstrakte Größe ... Genauso ist es mit Millionen Grad und mit Nanosekunden ...

Jetzt ist die Frage der Abrüstung aktuell, unter anderem die Zerlegung der Kernsprengsätze. Das ist wahr-

scheinlich weniger kompliziert als die Herstellung dieser Sprengsätze?

Vom technischen Standpunkt her gibt es keine Schwierigkeiten. Wenn das Verantwortungsgefühl, die Arbeitshaltung usw. stimmen, dann ist die Demontage unvergleichlich einfacher als der Bau. Dazu braucht man eben Erfahrung, Verantwortung und Sachverstand. Fachkräfte, die so arbeiten können, haben wir mehr als genug. Sie sind zum Glück noch nicht weggelaufen, in alle möglichen Kooperativen und Assoziationen. Moralisch gesehen ist die Demontage der Waffen allerdings komplizierter. Schließlich wird sie der gleiche Mann vornehmen, der diese Waffen jahrzehntelang gebaut hat. Da hat er sein ganzes Leben gedacht, die Heimat braucht seine Arbeit, und jetzt soll sie nicht mehr nötig sein ... In gewisser Weise ist das der Zusammenbruch menschlicher Hoffnungen.

Sie standen jahrzehntelang an der Spitze der nuklearen Aufrüstung, und jetzt hat der umgekehrte Prozeß eingesetzt. Ist die nukleare Abrüstung ohne Sie möglich?

Sie wissen genau, daß ich antworten werde – nein! Selbst jeder technisch nicht sehr gebildete, aber aufrichtige Mensch weiß das sehr wohl. Jede Arbeit, und erst recht jede gefährliche und verantwortungsvolle Arbeit muß von demjenigen ausgeführt werden, der etwas davon versteht. Gute Vorsätze helfen da wenig. Ich mag den großen Wunsch verspüren, eine Sache gut zu machen, aber wenn ich keine Erfahrung habe, keine Traditionen, wenn ich die Gefährlichkeit nicht begreife, dann bin ich machtlos. Der Abrüstungsprozeß muß zweifellos unbedingt von Fachleuten abgesichert werden. Laien haben wir genug – in der Verwaltung, in der Politik, in den verschiedensten Kommissionen und Komitees. Da sind die Folgen allerdings weniger verhängnisvoll, zumindest treten sie nicht sofort zutage. Bei uns werden die Folgen von Inkompetenz und mangelndem Professionalismus sofort sichtbar …

Ich habe mich mit vielen Menschen in Arsamas-16 unterhalten und dabei einen seltsamen Eindruck gewonnen: Sie befassen sich derzeit nicht mit ihren Hauptproblemen, sondern mit einer Vielzahl anderer, die keinerlei Beziehung zu ihnen haben … Vielleicht ist mein Eindruck falsch, aber ich sehe das so, und ich kann es nicht verschweigen. Sie selbst sind auch »angeschlagen« – Ihre Telefongespräche, die Besucher in Ihrem Vorzimmer, Ihr Assistent, der andauernd auf die Uhr schaut und mir Vorwürfe macht, weil sich unsere Unterhaltung solange hinzieht …

Anderthalb Monate zahle ich den Leuten keine Gehälter. Ich kann nicht schlafen! Nicht genug damit, daß die Gehälter niedrig sind, nein, auch dieses wenige Geld wird nicht ausgezahlt. Eine Zugschaffnerin bekommt dreitausend Rubel, ein Chefkonstrukteur hingegen – und davon gibt es nur vier im ganzen Land! – erhält zweitausendeinhundert. Ich will nichts Schlechtes über die Schaffnerin sagen, sie ist wichtig, ohne sie kann man unterwegs keinen Tee trinken, aber es ist doch ein Unding, daß meine Chefkonstrukteure weniger bekommen als sie … Vier im ganzen Land! Und dann zweitausendeinhundert … Oder die Waffentechnologen, davon gibt es auch nur ein paar hundert. Wenn ich darüber mit der Führung spreche, habe ich den Eindruck, sie verstehen das Problem, sie empören sich sogar und versprechen alles. Aber Geld ist nach wie vor nicht da. Immerzu sind wir in der Position von Bittstellern, von Leuten, die sich rechtfertigen müssen. Ehrlich gesagt, ich habe das schon satt.

Wie sehen Sie die Zukunft des Instituts?

Denken Sie nicht, daß wir uns beklagen. Wir sind einfach verpflichtet, an die Zukunft zu denken, und deshalb halten wir auch selbst die Augen offen. Psychologisch ist es natürlich schwer, sich umzukrempeln – schließlich sind wir davon überzeugt, daß Rußland auch künftig unsere Arbeit, d. h. die Kernwaffen, braucht. Bislang wissen wir nicht, inwieweit sie notwendig sind – vielleicht zu 20 oder zu 30 Prozent. Was wir vor allem wollen, ist Gewißheit! Wenn man uns sagt: Hier ist das Zielprogramm für 10, 15 oder 20 Jahre, dann können wir den Leuten genau erläutern, wieviel davon der Verteidigungsbereich ausmachen wird und welche Fachkräfte dafür gebraucht werden. Der Grundlagenbereich des Instituts ist ebenfalls abgesichert, denn ohne die Wissenschaft geht es nicht. Und schließlich der dritte Bereich – der kommerzielle. Wir verfügen über unbegrenzte Möglichkeiten, wir könnten unsere Leute nicht nur ernähren, sondern es würde ihnen besser gehen als in der Verteidigungsindustrie. Mehr noch, der kommerzielle Bereich wäre in der Lage, sowohl der Verteidigungsindustrie als auch der Grundlagenforschung zu helfen. Wir haben uns beispielsweise mit der Intensivierung der Erdölförderung beschäftigt. Die Amerikaner nehmen allein für die Versuchsarbeiten riesige Summen ein. Wenn man nämlich das Gestein bis zu zweihundert Metern auflockert, kann die Erdölförderung um das Dreifache erhöht werden. Jetzt werden aus einem Bohrloch 30 bis 40 Prozent Erdöl entnommen, aber wenn man daran arbeiten würde, könnten es 90 Prozent werden! Wir haben entsprechende Versuche durchgeführt und das Ergebnis eingereicht – unsere Methoden sind hundertmal billiger als die amerikanischen ... Wir können uns mit jeder Sache beschäftigen, aber wir brauchen klare Vorgaben. Das ist die Hauptsache. Erst dann bildet sich auch die entsprechende Psychologie heraus. Jetzt fällt es uns schwer, jemandem zu sagen: geh da und da hin, mach dies oder jenes. Schließlich könnte er morgen wieder hier gebraucht werden, und dann kann man ihn schlecht zurückholen. Ein Mensch ist doch kein Spielzeug, man darf nicht mit seinem Schicksal spielen, wir haben nicht das Recht dazu, und wir wollen es auch nicht.

Rechnen Sie mit privatem Kapital?

Wir haben eine Reihe von Programmen, die kein einzelner Geschäftsmann finanzieren kann. Zum Beispiel die Effektivität der Übertragung von Elektroenergie im ganzen Land, die Probleme neuer Stromquellen usw. Das sind langfristige staatliche Aufgaben. Kommerzielle Projekte aber sind auf ein bis zwei, höchstens fünf Jahre berechnet. Sie müssen schließlich einen sofortigen Effekt bringen. Es gibt unzählige Forschungen, die in der Verteidigungsindustrie begonnen wurden und auf andere Gebiete anwendbar sind, ohne dabei internationale Übereinkünfte zu verletzen. Im Grunde genommen nutzen wir das, was wir bereits über Jahre hinweg erarbeitet haben ... Allerdings ergeben sich auch ungewöhnliche Aufgaben. So haben wir drei Graupenmühlen hergestellt. Mordwinien ist bereit, so viel Buchweizen wie möglich zu säen, aber sie können ihn nicht verarbeiten. Da haben wir eben Graupenmühlen gemacht. Auf die Frage, warum sie keine Sonnenblumen säen, antworteten sie: Und wer soll die verarbeiten? Also machen wir auch Ölmühlen ... Vierzig Tonnen Buchweizen haben wir in unserem Sowchos bekommen, der liegt immer noch da, weil sie bis zu fünfzig Prozent für die Verarbeitung verlangen. Aber wenn wir ihnen unsere Graupenmühle schikken, dann werden sie Millionäre ... Wir versuchen jetzt, transportable Zuckerraffinerien herzustellen. Es hat sich herausgestellt, daß sich niemand in der Welt damit beschäftigt – nur große Werke werden gebaut. Aber unsere Leute werden das hinkriegen, da bin ich sicher ... Sie wissen eben, was Verantwortung heißt, sind es gewöhnt, Rede und Antwort zu stehen. Ja, sie haben sich niemals mit Zucker befaßt. Ja, sie hatten keine Ahnung von Graupenmühlen. Na und? Wir informieren uns, lernen dazu und machen es ... Mich wundert bis heute, daß es keine Maschinen gibt, um die Straßen zu reinigen, die Ernte zu verarbeiten ... Dabei gibt es doch Dutzende wissenschaftliche Forschungsinstitute, womit haben die sich befaßt?! Wirklich nur mit Dissertationen und der Organisation ihres Privatlebens?! ... Das sind keine leeren Worte. Unsere Leute haben sich beispielsweise ein »Spielzeug« ausgedacht. An den Traktor »Belarus« wird normalerweise ein Metallbesen angehängt, statt dessen haben sie Streifen genommen – und schon ist das Glatteis auf den Straßen ungefährlich. Wir haben die Erfindung den verschiedensten Stadtvätern angeboten, es hätte sie wenige Pfennige gekostet, aber keiner scheint so etwas zu brauchen! Sollen sich die Leute die Beine brechen, sollen sie bei Glatteis ihre Autos in Klump fahren ... Wir haben für uns zwei Exemplare hergestellt und werden unsere Gehwege damit säubern. Und schon werden wieder welche sagen, die Leute von Arsamas hätten »Sonderbedingungen«. Dann nehmt euch doch diese »Bedingungen«, bitteschön. Darauf folgt immer nur Schweigen im Walde ... Übrigens, die Akademie für Kommunalwirtschaft hat, glaube ich, lange an so einem Maschinchen gebastelt. Bei uns hat einer nebenbei in zwei Tagen die Zeichnung entworfen, und ein anderer hat es in drei Tagen gebaut ... Oder ein anderes Beispiel: Mich ärgert der Schmutz auf den Straßen. Ich mache unsere Leute darauf aufmerksam. Schon haben sie einen »Staubsauger« entwickelt. Niemand muß mehr mit dem Besen rumlaufen, Hausmeister werden nicht mehr gebraucht, die Straße ist immer sauber. Aber die Stadtwirtschaft braucht solche Maschinen nicht – die haben sich offenbar an den Dreck gewöhnt, können sich nicht von ihm trennen. Und dann wird behauptet, die Menschen sollen sich um sich selber kümmern ... Ach, egal, wo du hinschaust – überall Gleichgültigkeit. Bei Schiffskatastrophen kommen vierzig Prozent der Menschen wegen unserer eigenen Dummheit ums Leben. Es gibt keine elementaren Rettungssysteme. Wir haben eins, besser als das amerikanische! Ein Floß, das sich sofort aufbläst, wenn es das Wasser berührt. Wir haben es mit den Leuten von der Flußschiffahrt getestet, sie haben die ausgesprochen hohe Qualität bestätigt. Und wieder stellt sich heraus, daß es keiner braucht! Das Geld für ein Rettungssystem ist ihnen zu schade, denn laut Statistik müssen eben vierzig Prozent der Passagiere bei Unglücksfällen ertrinken ... Ich habe nur ein paar Beispiele angeführt. Wir können uns vor Ideen und Technologien gar nicht retten.

Vielleicht sollten wir unser Gespräch an dieser Stelle beenden. Ich denke, jeder versteht, daß Sie nicht nur Kernwaffen bauen können. Trotzdem nochmals die Frage: Hat Ihr Institut eine Perspektive?

Ich bin Optimist. Wenn ich mir unsere Leute, unsere Traditionen vor Augen führe, dann bin ich überzeugt, daß wir nicht untergehen. Wir brauchen nur Gewißheit, alles andere fügt sich dann schon, besser gesagt, das machen wir dann selbst. Vorläufig sind wir jedoch zum Warten verurteilt, in gewissem Maße wirkt sich hier unsere Diszipliniertheit aus. Die dürfen wir aber auch nicht verlieren. Wir wissen, daß eine schwere Arbeit vor uns liegt, daß es zu bestimmten Verlusten kommen kann, aber auch zu Erfolgen. Und deshalb bleiben wir optimistisch.

Juri Trutnew

Mitglied der Akademie der Wissenschaften

Juri Alexejewitsch, es wird behauptet, Sie hätten eine besondere Sicht auf die nukleare Abrüstung.

Warum »besondere«? Ich denke nur zugleich als Staatsbürger und als Fachmann. Wir bekommen ständig zu hören: »Die wollen nur sprengen!« Man redet uns nach, wir hätten Angst, unsere Arbeit zu verlieren und ähnliches. Wir werden nie arbeitslos, selbst wenn wir uns nicht mehr mit Waffen beschäftigen sollten. Unser Fachgebiet ist so umfangreich – wir haben es mit verschiedenen Bereichen der Physik zu tun, mit verschiedenen Technologien und Konstruktionen, so daß wir für unsere Leute immer ein Betätigungsfeld finden werden. Teilweise geschieht das bereits, da unser Arbeitsradius enger geworden ist. Es ist wichtig zu begreifen, daß die Rüstungsreduzierung ein völlig normaler Prozeß ist. Das Gerede über unsere Angst, die Arbeit zu verlieren, und über unsere »Gier nach Sprengungen« ist oftmals nicht einfach Inkompetenz, sondern das Bestreben, politisches Kapital rauszuschlagen. Es ist Mode geworden, auf die Kernwaffen zu schimpfen und damit auch auf diejenigen, die sie herstellen. Aber man darf nicht vergessen, daß in unserer komplizierten, von Krisen erfaßten Welt ein Land dennoch der Verteidigung bedarf. Und die Kernwaffe ist meiner Ansicht nach die billigste Variante, jegliche Bedrohung und Gefahr abzuwenden. Die Kernwaffe ist auch eine politische Waffe. Sie zwingt einen politischen Aggressor erst einmal ernsthaft nachzudenken, bevor er einen Konflikt mit einem Land beginnt, das sie besitzt. Für uns hat die Kernwaffe aus geopolitischer Sicht eine besondere Bedeutung. Die Amerikaner haben es gut – sie sitzen hinter drei Ozeanen, aber wir befinden uns direkt im Zentrum des Festlandes. Und von Ruhe sind wir wohl weit entfernt. Denken Sie an die Grenzen, an die gegenseitigen territorialen Ansprüche, auch gegenüber Rußland. Wenn ich das sage, meine ich nicht irgendwelche imperialen Ambitionen, ich konstatiere einfach die Realität.

Beunruhigt Sie die jetzige politische Lage?

Natürlich. Wir leben in einer tiefen Krise. Ich will nicht behaupten, daß die Kernwaffen Rußland vor dem Zerfall retten werden, aber ihr Vorhandensein wird immerhin jeden zum Nachdenken zwingen, bevor er Ansprüche an uns stellt ... Natürlich ist es jetzt in bestimmter Hinsicht ruhiger geworden, aber man darf nicht nur an heute denken. Und was uns in Zukunft erwartet, ist vorläufig unklar. Zumindest haben die Amerikaner nicht vor, auf Kernwaffen zu verzichten. Es geht vorerst um Reduzierung, was ich für richtig halte. Das Kernwaffensystem existierte in einer bestimmten historischen Periode. Warum ist es zum Wettrüsten gekommen, warum gibt es so viele Kernwaffen? Diese Fragen müssen nicht wir Wissenschaftler beantworten, sondern die Politiker, denn die Entwicklung der Ereignisse hing in erster Linie von ihnen ab.

Sie waren nur Ausführende? Oder haben Sie nicht doch die Nuklearstrategie des Landes bestimmt?

Bestimmt natürlich nicht, aber unsere Arbeit hatte Einfluß auf die Haltung der Politiker. Ich habe nicht vor, mich zu rechtfertigen, mehr noch – ich bereue keineswegs, daß ich hierhergekommen bin und am Bau der Kernwaffen beteiligt war. Wir haben für die Stärkung der Verteidigungsfähigkeit des Landes gearbeitet, und dabei haben wir uns nicht geschont. Außerdem haben wir ein reines Gewissen, denn wir hatten kein Hiroshima und Nagasaki. Und wir hatten keinen einzigen Unfall mit den Waffen ...

Ich weiß, daß vor kurzem eine Gruppe von Fachleuten in die USA eingeladen war, wo man ihnen Möglichkeiten und Methoden zeigte, gegen solche Havarien anzugehen. Die Amerikaner haben sozusagen von ihrer eigenen traurigen Erfahrung berichtet.

Zum Glück hat es bei uns nie ernsthafte Havarien gegeben ... Gut, aber was weiter? Ich denke, daß noch ziemlich lange Atomwaffen existieren werden. Man nennt sie »Massenvernichtungswaffen«. Und was ist mit Dresden passiert? Wie viele Menschen sind dort durch die »Bombenteppiche« umgekommen? Ungefähr vierzigtausend, und zwar ohne jede Kernwaffe. Und im Irak? ... Natürlich, die Kernwaffe verfügt über besondere Eigenschaften, sie wirkt über verschiedene Faktoren, aber die modernen konventionellen Waffenarten sind auch, wie soll ich sagen ...

... kein Geschenk.

Genau. Deshalb ist es notwendig, viel breiter zu denken, sich nicht nur auf die Atomwaffen zu versteifen, obwohl diese natürlich reduziert werden müssen ... Ich denke, in erster Linie muß die Anzahl der Atomsprengköpfe verringert werden, die Sicherheit der Atomwaffen, besonders in unserem Land, erhöht und neue, zuverlässigere und sicherere Typen hergestellt werden.

Sind dafür weiterhin Versuche notwendig?

Ohne Versuche geht es nicht. Ich bekomme manchmal zu hören, man könne eine Waffe auch bauen, ohne sie zu testen. Dabei stützt man sich auf Sacharows Aussagen. Ich habe mit ihm etwa drei Tage vor seinem Tode darüber gesprochen. Er hat seinen Standpunkt nicht mehr geändert, obwohl ich ihn an einige Fälle aus unserer gemeinsamen Tätigkeit erinnern konnte. Ich habe große Hochachtung vor Andrej Sacharow, war sein Schüler, aber in diesem konkreten Fall hatte er nicht recht. Wenn man die Waffe als ein technisches Mittel betrachtet, dann geht es nicht ohne Versuche ... Interessant ist übrigens, daß diese Ansicht von Leuten vertreten wird, die nicht mehr bei uns arbeiten oder nichts mit dem Waffenbau zu tun haben ... Diese

Frage ist zu stark politisiert worden. Es gab Versuche in der Atmosphäre. Das ist das eine. Unterirdische Versuche sind aber etwas gänzlich anderes. Sogar in dem genannten Gespräch gab Sacharow zu, daß unterirdische Kernexplosionen ungefährlich sind. Das sei für jene gesagt, die sich gern auf Autoritäten berufen.

Ungefährlich aber doch wohl nur, wenn es Sicherheitsgarantien gibt?

Unsere Technologie ermöglicht es, daß überhaupt nichts austreten kann. Aus irgendeinem Grund wird sie bis heute geheimgehalten. Ich meine, daß all diese Daten an die Öffentlichkeit müssen, da soviel über die Versuche diskutiert wird. Weshalb denn etwas Neues verbergen?!

Also wird unserer Generation nicht mehr beschieden sein, ohne Kernwaffen zu leben. Wie werden sie denn aussehen, die Atomwaffen?

Das hängt vom Rüstungssystem ab. Einerseits besagt die gegenwärtige Doktrin: Wir haben keinen ständigen Gegner, also muß es eine Verteidigung nach allen Himmelsrichtungen geben.

Stammt diese Definition nicht von Charles de Gaulle?

Schon möglich. Aber wir sprachen über das System ... Ich meine, mit Kernwaffen müßte eine Berufsarmee umgehen, denn sie erfordern ein hohes Maß an Professionalität und Verantwortung. Gleichzeitig muß eine Strategie der flexiblen Abschreckung und des flexiblen Reagierens ausgearbeitet werden, auf die dann auch die Truppen orientiert sind, die über Kernwaffen verfügen. Momentan wird viel über taktische und strategische Waffen diskutiert. Aber es geht nicht um Bezeichnungen. Leider sind unsere Waffen an verschiedene Truppengattungen gegeben worden, so daß es sie jetzt hier und dort gibt. Das ist unmöglich! Die atomaren Truppen müssen direkt dem Präsidenten unterstehen. Derzeit betrachten wir unsere taktischen Kernwaffen offenbar als strategische, besonders nach der Beseitigung der Konfrontation mit Amerika. Oft wird gefragt: Wer hat eigentlich vor, uns anzugreifen? Wenn man dieser Logik folgt, dann brauchen wir weder eine Armee noch eine Rüstung. Je schwächer wir sind, desto größer ist die Verführung, uns anzugreifen – das ist doch klar.

Juri Alexejewitsch, es wird behauptet, die von Jelzin verkündete Idee, unsere Raketen nicht mehr auf Städte der USA zu richten, stamme von Ihnen. Dieser Vorschlag hat viele Diskussionen ausgelöst, einige halten ihn für abenteuerlich.

Ich kenne die Erklärung des Präsidenten, habe sie aber nicht so verstanden wie Sie. Es ging um den Abbau der programmierten Zielvorrichtungen von jenen Raketen, die auf die USA gerichtet waren. Aber die Presse hat mit ihrer Behauptung, wir würden unsere Raketen jetzt nicht mehr auf Städte richten, sondern auf militärische Objekte, alles auf den Kopf gestellt. Es bleibt sich gleich, ob man auf Städte oder militärische Objekte schießt, die radioaktive Kontamination wird überall sein. Aber generell die Möglichkeit eines Raketenschlages ausschließen, das ist eine ganz andere Sache! Ich meine, das war ein politischer Schritt, eine Geste des guten Willens, um zu zeigen, daß wir keine Gegner mehr sind. Und eigentlich hätte man eine Gegenreaktion erwarten können. Aber die erfolgte leider nicht – die amerikanischen Raketen sind nach wie vor auf uns gerichtet.

Sie haben vorhin nebenbei erwähnt, daß man sich mit der Sicherheit der Kernwaffen befassen muß, besonders bei uns. Was haben Sie damit konkret im Auge gehabt?

Ich hatte nicht die Waffen selbst im Auge, sondern die gegenwärtige Situation in Rußland und den Republiken. Die nachlassende Disziplin, mögliche Havarien bei Transporten usw. Sogar Terrorismus kann eine Rolle spielen.

Besteht durch den allgemeinen Verfall im Land die Gefahr eines, gelinde gesagt, fahrlässigen Umgangs mit den Waffen?

Nein, so kann man das nicht sagen. Im Gegenteil, die Maßnahmen zur Verhütung solcher Havarien sind in letzter Zeit verschärft worden. Die Hauptarbeit leisten die Militärs, wir unterstützen sie mit technischen Mitteln.

Sie sind jetzt 64 Jahre alt, wie lange arbeiten Sie hier?

Einundvierzig Jahre.

Sind Sie als einfacher Ingenieur hierhergekommen?

Als Laborant.

Welchen Posten haben Sie jetzt?

Erster Stellvertreter des wissenschaftlichen Leiters.

Was ist für Sie die größte Belohnung?

Wenn das, was ich mir ausgedacht habe, funktioniert.

Und wann haben Sie das zum erstenmal erlebt?

Eigentlich 1958 ... oder nein, schon vorher, 1955. Damals ist uns ein technologischer Durchbruch gelungen – wir haben eine Idee realisiert, an der ich unmittelbar beteiligt war …

Die Kernphysiker werden manchmal als »blinde Falken« bezeichnet, was davon zeugt, daß nur wenige verstehen, wie schwierig Ihre Arbeit ist. Kränkt Sie das?

Mich persönlich kränkt das weniger – wir haben schon anderes durchgestanden. Es ist bedauerlich, daß die Waffen Gegenstand politischer Spekulationen geworden sind. Um die Atmosphäre im Land und speziell in der Wissenschaft tut es mir leid. Alle suchen nach der Ursache, weshalb es uns schlechter geht, nach den Schuldigen. Und sofort ist die Antwort parat – der militärisch-industrielle Komplex. Der hat angeblich alles verschlungen … Aus dieser Haltung resultieren dann Bosheit, Mißgunst, sogar Gemeinheit. Aber das ist doch nicht so! Es werden einfach Ursache und Wirkung verwechselt. Letztlich sind es hier wieder politische Spiele.

Was meinen Sie, hat der Bau der Atomwaffen den Durchbruch zu neuen naturwissenschaftlichen Gebieten ermöglicht?

Ohne Zweifel. Wir haben es mit physikalischen Erscheinungen zu tun, die man unmöglich unter Laborbedingungen herstellen kann. Dutzende, Hunderte Millionen Grad, Milliarden Atmosphären Druck, Hunderttausende Gramm im Kubikzentimeter Dichte, Hundertmillionstel Sekunden … Da sind natürlich völlig neue Gebiete der Physik entstanden.

Sie sind seit 41 Jahren in Arsamas. Sicher hat es unterschiedliche Phasen in Ihrem Leben gegeben. Wann war es für Sie persönlich am schwersten?

In den vierzig Jahren ist natürlich viel passiert … Ich

hatte es besonders am Anfang schwer. Das Universitätsstudium war ziemlich lebensfremd, hier aber mußten die Kenntnisse in der Praxis angewendet werden. Auch jetzt kommen noch junge Leute zu uns, und dann stellt sich raus, daß sie sofort umlernen müssen ... Die Zeiten waren sehr unterschiedlich, aber jetzt sind die Schwierigkeiten besonders groß. Es fällt uns zunehmend schwerer, Lösungswege zu finden, Rezepte gibt es ja bekanntlich nicht.

Sie sind ein Sacharow-Schüler. Was für ein Mensch war Sacharow?

Sacharow war nicht mein einziger Lehrer, ich habe auch bei Seldowitsch, Frank-Kamenezki und Chariton gelernt.

Wer hatte den größten Einfluß auf Sie?

Anfangs Frank-Kamenezki. Er war ein ausgesprochen gebildeter Mann, ein Intellektueller, sehr gutmütig, ein wunderbarer Physiker. Er hat mir sehr geholfen ... Unsere Zimmer waren damals klein, ich habe ihm direkt gegenüber gesessen. Vollkommen unaufdringlich brachte er mir das Arbeiten bei. Außerdem gab er mir Bücher, die keine direkte Beziehung zu unserer Arbeit hatten. Manchmal rezitierte er einfach so Verse von Gumiljow ... Er war wie ein Vater zu uns, ich habe viel von ihm gelernt, nicht nur in wissenschaftlicher Hinsicht ...

Er rezitierte Gumiljow, und das in dieser Zeit? Sie lebten doch in einer geheimen Stadt, wurden nicht nur bei der Arbeit abgehört, sondern auch zu Hause?!

Ob wir abgehört wurden oder nicht, weiß ich nicht. Das hat uns nichts ausgemacht. Mehr noch, politische Fragen wurden bei uns weitaus offener diskutiert als im »großen Land«. Wir haben an einem Problem von Staatsbedeutung gearbeitet, und deshalb war die Haltung zu uns etwas anders als üblicherweise. Gedankenfreiheit in der Physik ist unweigerlich mit allgemeiner Gedankenfreiheit verbunden, auch mit politischer. Wir haben weder Angst gehabt noch irgendwelche Rücksichten genommen.

Sie hatten also doch einen besonderen Status?

Wahrscheinlich deshalb. Und außerdem waren hier sehr viele intelligente Menschen – Wissenschaftler von Weltrang, deshalb herrschte hier eine freundschaftliche und kreative Atmosphäre. Sie forderte einen heraus, initiativreich und erfinderisch zu sein. Jeder wollte neue Ideen kreieren. Der Mensch wurde in erster Linie für seine Ideen und deren Umsetzung geschätzt.

War es hier schwer, Karriere zu machen?

Das war uns nie wichtig. Ich habe Mitarbeiter, die sehr viel geleistet haben, und sie sind nicht einmal promoviert oder habilitiert. Dabei könnte man sie sofort in die Akademie wählen. Sie leben einfach für ihre Arbeit.

Könnten Sie bei sich eine kleine Akademie gründen?

Ich denke, daß Arsamas-16, unser Institut, der Sibirischen Abteilung der Akademie der Wissenschaften z. B. in nichts nachsteht, sowohl, was die Anzahl der hochqualifizierten Kader angeht, als auch hinsichtlich der Vielfalt an Forschungsthemen.

Wofür verwenden Sie jetzt die meiste Zeit – für Ihre wissenschaftliche Arbeit oder für Laufereien durch Beamtenstuben?

Ich muß meinen Mitarbeitern Aufträge organisieren, da nun die Hauptthematik reduziert wurde. Außerdem muß ich Geld ranschaffen. Wir brauchen Verträge, also muß ich welche finden.

Vielleicht sollten Sie bei Hussein anrufen und ihm einen Vertrag anbieten?

Erstens erlaubt uns unser Gewissen nicht, das zu tun. Und zweitens sind wir dafür nicht die richtigen Leute.

Ist das Problem des »brain-drain« frei erfunden?

Es wird viel davon abhängen, wie sich die Ereignisse entwickeln. Ich persönlich glaube kaum, daß unsere Leute ausreisen werden. Obwohl ich es nicht ausschließen will. Schließlich sind viele, die in Arsamas-16 gearbeitet haben, jetzt schon im »Ausland« – ich meine in der Ukraine oder in Kasachstan ... Aber das ist nicht die Hauptsache.

Und was ist die Hauptsache?

Mich beunruhigt etwas anderes. Hier wurde in Jahrzehnten, in fast einem halben Jahrhundert, ein einzigartiges wissenschaftlich-technisches Zentrum geschaffen, das Fachleute unterschiedlichster Gebiete in sich vereinigt. Das ist nun mal die Spezifik der Kernwaffen, deren Bau theoretische und experimentelle Physiker, Technologen, Konstrukteure, Chemiker usw. zusammenführt. Das entstandene Kollektiv ist eine einzigartige Erscheinung, und ich befürchte, daß es auseinanderfallen wird. Das wird nicht nur ein Verlust für Rußland sein, sondern für die Wissenschaft der ganzen Welt. Das beunruhigt mich in erster Linie.

Sehen das die Amerikaner auch so?

Arsamas-16 ist ein sehr starkes Wissenschaftszentrum von Weltrang. Sie sind damit vollständig einverstanden und schätzen unsere Arbeit außerordentlich hoch ein.

Was meinen Sie, gibt es Unterschiede in der Verständigung zwischen russischen und amerikanischen Politikern und Fachleuten wie Ihnen? Verstehen Sie sich besser mit den amerikanischen Kollegen?

Ich weiß nicht, wie sich die Politiker verstehen. Aber wenn wir uns mit amerikanischen Fachleuten unterhalten, finden wir immer eine gemeinsame Sprache. Von uns benimmt sich keiner wie ein Diplomat, wir sprechen als Kollegen miteinander, die die Arbeit des anderen gut kennen.

Kommt es Ihnen nicht merkwürdig vor, daß man Sie nach Amerika fahren läßt? Hat man jetzt weniger Angst, daß Sie eventuell abhauen könnten?

Vertraut hat man uns immer, anders ging es einfach nicht. Die Zeiten haben sich nur geändert, »da oben« haben sie begriffen, daß man wissenschaftliche Kontakte fördern muß. Weshalb sollten wir abhauen ... Endlich haben sie das begriffen!

Lassen Sie uns noch einmal kurz über die Vergangenheit sprechen. Erzählen Sie etwas über Jakow Borissowitsch Seldowitsch.

Seldowitsch war ebenfalls ein außergewöhnlicher Mensch und Physiker. Er war imstande, die kompliziertesten Vorgänge einfach und verständlich zu erklären, er konnte sie buchstäblich mit den Fingern demonstrieren ... Wir haben ihn als außerordentlichen Wissenschaftler geschätzt, trotzdem gab es keine Unterschiede, bei der Arbeit waren alle gleich. Er war ein sehr liberaler Leiter, ist allen Fragen, ob sie die wissenschaftliche Arbeit betrafen oder den Alltag, stets mit Wohlwollen begegnet; war bemüht zu helfen. Dadurch entstand eine ganz besondere Atmosphäre ... Seldowitsch war ein sehr geistreicher Mann, er mochte Saltykow-Stschedrin, zitierte ihn oft.

Und Sacharow?

Anfangs wußten wir nicht, woran in den Nachbarabteilungen gearbeitet wurde. Daher konnten wir in den ersten Jahren auch nicht ahnen, womit sich Sacharow und seine Gruppe befaßten. Später, ab 1953 ungefähr, arbeiteten wir zusammen. Andrej Sacharow war damals ganz anders, das kann man sogar auf Fotos sehen ... Wir haben es als großes Glück empfunden, mit ihm arbeiten zu können. Wir hatten ein sehr vertrauensvolles Verhältnis, haben über alles gesprochen – angefangen bei den Kernsprengsätzen bis hin zu politischen Fragen ... Was war charakteristisch für ihn? Er konnte das Wesen einer Frage erfassen und hatte sofort eine Antwort parat. Das war phantastisch! Er war erfinderisch, sprühte vor Einfällen! Viele unserer Spezialabteilungen stützen sich noch heute auf seine Ideen, entwickeln sie weiter. Es reicht nur zu sagen, daß er mit Tamm zusammen den »Tokamak« entwickelt hat. Die thermonukleare Synthese mit Hilfe von Lasern, Ideen, die damit in Verbindung stehen, das entstand einfach vor meinen Augen ... Die erste Wasserstoffbombe, das war auch seine Idee, er war einer von denen, die sie erfunden haben ... Er hat in vielem unsere Vorhaben unterstützt. Natürlich konnten wir uns damals nicht vorstellen, daß er Arsamas verlassen würde – was sollten wir ohne ihn tun?! Aber von einem bestimmten Moment an wollte er unbedingt weg ... Und seine Frau auch, ich meine

Klawdija Alexejewna ... Manche meinen, er sei weggegangen, weil er diesen Artikel geschrieben hatte. Nein. Ich denke, für ihn waren die großen Probleme gelöst, und er wollte sein Betätigungsfeld wechseln. Er suchte etwas Neues, um seine Kraft darauf zu verwenden. Ich will seine Rolle bei der Demokratisierung der Gesellschaft, seine politische Tätigkeit nicht herabwürdigen, und dennoch ist es bedauerlich, daß er sich nicht in vollem Umfang der Wissenschaft gewidmet hat.

Warum haben die Physiker von Arsamas-16 nicht protestiert, als Sacharow nach Gorki verbannt wurde?

Es gab tatsächlich keine Proteste, obwohl alle sehr gut verstanden, daß die Sache faul war. Deshalb haben sie aber auch keine Briefe gegen Sacharow unterschrieben. Mehr noch, als er in Moskau in Ungnade gefallen war, fuhren sie ihn besuchen, hielten den Kontakt aufrecht ... Warum haben sie nicht protestiert? Das ist nicht einfach zu beantworten ... Politische Feigheit kann es eigentlich nicht gewesen sein. Schließlich haben wir immer unter der Last der Verantwortung gelebt und wußten sehr wohl, daß die nukleare Verteidigung des Landes auf unseren Schultern ruht, unabhängig von den politischen Stürmen im »großen Land«. Sacharow wußte das genauso gut. Ich erinnere mich noch, wie er aus Gorki zurückkam und in der Akademie eine Vollversammlung stattfand. Ich unterhielt mich in einer Pause mit ein paar Leuten von uns, wir hatten alle zu verschiedenen Zeiten in Arsamas-16 gearbeitet. Plötzlich nahm mich jemand beim Arm und sagte: »Jura«. Ich drehte mich um ... Zuerst habe ich ihn nicht erkannt! Er war alt geworden, grau ... »Mein Gott, Andrej Dmitrijewitsch, mein Lieber!« Wir umarmten uns, kamen ins Gespräch ...

Trug er Ihnen nichts nach?

Er verstand alles, schließlich kannte er uns gut ... Nein, Sie haben keine einfache Frage gestellt. Ehrlich gesagt, darauf gibt es keine Antwort.

Und noch etwas. Das Haus, in dem Sie wohnen, liegt gegenüber dem Haus von Sacharow. Durch Ihre Straße haben die NKWD-Mitarbeiter mit ihren Hunden die Sträflingskolonnen geführt. Jeden Morgen hin und abends zurück. Hat Sie das beschäftigt? In seinen Memoiren erwähnt Sacharow nur den Fakt, daß Sträflinge am Bau des »Objekts« beteiligt waren.

Einmal abends kam ich von Freunden und wollte über die Straße gehen. Ich ging zwischen den Sträflingen und dem Begleitposten durch. Plötzlich stürzte der sich mit dem Karabiner auf mich, völlig wild geworden ... Ich erinnere mich an diese Kolonnen, die Häftlinge haben hier bis 1957 gearbeitet. Ich verstehe Sacharow. Er wollte darüber nicht ausführlich sprechen und schreiben – das ist ein tragisches Kapitel unserer Geschichte, unser aller, ohne Ausnahme. Das muß man wissen, das muß man im Gedächtnis behalten, aber man darf es nicht breittreten ... Jeder hat seine ganz persönlichen Erinnerungen. Als Sacharows 70. Geburtstag gefeiert wurde, habe ich es abgelehnt aufzutreten, weil heute viel zu viele Leute gerne von ihrer Nähe zu Sacharow reden ... Ich weiß noch, einmal kam er in bedrückter Stimmung zur Arbeit, das passierte häufig. Er ging an die Tafel und schrieb etwas an, dann trat er zurück und rezitierte Puschkins »Klagen unterwegs« ... Mich hat das verblüfft. Es gehört zu meinen Lieblingsgedichten: »Schwirr ich lang noch auf der Erde ...«* Andrej Sacharow war ein großartiger Mensch, ich meine nicht so sehr den Fachmann, den Physiker, den Humanisten, sondern gerade den Menschen. Für mich war er ein Ritter des Gewissens – die letzte Instanz, die jeden Streit schlichten konnte. Wenn Sacharow sagte, das ist so und so, dann war es auch so ...

Und Chariton? Sie arbeiten doch fast ein halbes Jahrhundert mit ihm zusammen. Was ist für Juli Chariton charakteristisch?

Die Fähigkeit, sich in ganz diffizile Dinge hineinzuknien. Ihm fällt oft etwas auf, was andere gar nicht bemerken. Erst denkt man, wieso befaßt er sich mit so einer Kleinigkeit? Dann stellt sich heraus, daß sich diese »Kleinigkeit« zu einem riesigen Problem auswächst. Seine Devise lautet: »Wir müssen zehnmal mehr wissen, als wir tun.« Und damit hat er recht.

Hat er sich sein ganzes Leben lang daran gehalten?

Und ob. Während wir beide hier reden, sitzt er noch und arbeitet. Wir sind heute früh erst aus Moskau gekommen, er hat kurz mal zu Hause reingeschaut, hat um 10 Uhr den wissenschaftlich-technischen Rat abgehalten und jetzt – um 8 Uhr abends – schaut er die Dokumentation durch. Um zehn Uhr wird in seinem Fenster immer noch Licht brennen.

Bereuen Sie, was Sie erlebt haben?

Nein. Im Leben unserer Generation gab es Schlechtes und Gutes. Ich gebe mir Mühe, an das Gute zu denken ...

* Nachdichtung J. v. Guenther.

Stanislaw Woronin

Chefkonstrukteur

Die Diskussionen über Kernwaffen enden heute meist mit der Forderung an die Hersteller, ihre Arbeit sofort einzustellen. Sie sind heute genauso in Mode wie Debatten über die Kernkraftwerke. Dabei fällt auf, daß über die Probleme des KKW von Tschernobyl Leute reden, die sich nach Ausbruch der Havarie weder dort noch in der Nähe von Kiew sehen ließen. Und über die Atom- und Wasserstoffbomben urteilen Politologen und Ökologen, deren Physikkenntnisse auf dem Mittelschulniveau stehengeblieben sind. Selbst hochrangige Politiker stellen oftmals peinliche Behauptungen auf, die bei Fachleuten nur ein Lächeln hervorrufen.

Beispiele dafür gibt es leider genug.

So erklärte der Präsident der UdSSR, Michail Gorba-

tschow, wir hätten Methoden, nukleare Sprengsätze aus dem Kosmos zu entdecken, unter anderem auf Kriegsschiffen der USA. Sämtliche Wissenschaftler, unsere und auch die amerikanischen, sind schockiert – beim gegenwärtigen Stand der Technik ist so etwas unmöglich! Dennoch wird sofort ein »globales Experiment« im Schwarzen Meer organisiert, dort versammeln sich Dutzende Journalisten und ... absolutes Schweigen. Eine wirkungsvolle politische Erklärung – nichts anderes als Bluff.

Ebenso peinlich war es, als der russische Präsident Boris Jelzin plötzlich verkündete, wir würden unsere Raketen nicht mehr auf Städte der USA richten.

Oder die »sensationelle Erklärung« des Präsidenten der Ukraine, Leonid Krawtschuk, daß man in der Ukraine die taktischen nuklearen Sprengsätze selbst demontieren und danach in der Tschernobyl-Zone lagern würde. Sie war höchstens für Leute gedacht, die keine Ahnung von Kernwaffen haben.

Wenn sich Präsidenten solche Dinge erlauben, warum sollen sich dann nicht auch ihre politischen Berater öffentlich äußern. Und schon überschlagen sich wirkungsvolle »Enthüllungen« darüber, daß man in der ehemaligen UdSSR »geheime« Kernexplosionen in Erdöl- und Erdgaslagerstätten durchgeführt habe, daß unterirdische Tanklager und sogar Seen angelegt worden seien. Sofort gehen »Untersuchungen« los, Augenzeugen werden gesucht, kurz gesagt, die Stimmung wird angeheizt. Dabei kann man in alten Zeitungsjahrgängen der »Komsomolskaja Prawda« oder der »Prawda« ausführlich über diese Experimente nachlesen. Oder auch in diversen Sachbüchern, in denen sowohl das in den USA durchgeführte Programm »Plowshare« als auch unser Programm zur Nutzung von nuklearen Explosionen zu friedlichen Zwecken beschrieben wurden. Mag sein, daß junge Leute darüber nichts wissen, schließlich ist es bereits fast zwanzig Jahre her, daß die Fontänen in Urta-Bulak und Pamuk eingedämmt wurden oder die Tanklager für Erdgaskondensate im Gebiet Orenburg angelegt wurden. Regierungsberater sind jedoch verpflichtet, zumindest Fachleute zu konsultieren, die detaillierte Informationen vorlegen können.

Die Erfahrung von Tschernobyl lehrt, daß man nicht erst Jahre nach einer Tragödie handeln darf, sondern vorher versuchen muß, sie zu verhindern. Im übrigen ist es immer ungefährlicher, im gemütlichen Kämmerlein zu sinnieren, als sich im Epizentrum einer Tragödie zu befinden, oder eine Kernwaffe mit den eigenen Händen zu zerlegen.

»Populismus ist auf unserem Gebiet sehr gefährlich«, begann Woronin unser Gespräch. »Er kann zur Katastrophe führen, weil er die Menschen falsch orientiert. Man muß immer bedenken, daß wir es mit einer gefährlichen Technologie zu tun haben. Zum Glück haben wir noch keine großen Fehler gemacht, sind uns bisher keine Havarien mit Waffen passiert. Aber gegenwärtig werden sie unwillkürlich provoziert, weil die Menschen, die in diesem Komplex arbeiten, erniedrigt und beleidigt werden.

Wir mussen intensive Aufklärungsarbeit leisten, obwohl wir alle, auch ich als Chefkonstrukteur natürlich, ganz andere Aufgaben zu bewältigen haben ... Aber was bleibt uns übrig, so ist die Zeit heute ...«

Erst kürzlich stand im Obersten Sowjet die ökologische Situation im Hohen Norden des Landes auf der Tagesordnung. Natürlich wurden die Kerntests auf Nowaja Semlja heiß debattiert. Wie inzwischen üblich wurden alle Schwierigkeiten, die diese Region heute hat, Kernforschern zugeschrieben. Diese konnten im Unterschied zu den Ökologen einen ausführlichen Bericht von drei unabhängigen Kommissionen vorlegen. Darin wird zwar bestätigt, daß es auf Nowaja Semlja einige Punkte gibt (mit einem jeweiligen Radius von etwa 150 Metern), die eine erhöhte Radioaktivität aufweisen. Auf dem gesamten übrigen Territorium der Inseln von Nowaja Semlja ist die Radioaktivität jedoch geringer als beispielsweie in Moskau.

»Ich habe den Eindruck«, sagte Woronin, »daß sich keiner mit den Schlußfolgerungen der Kommissionen befaßt hat, auch nicht mit dem Bericht des Instituts, das sich seit Jahrzehnten mit diesem Problem beschäftigt. Die Norweger und Schweden haben die Dokumente aufmerksam studiert und waren mit allem einverstanden, bei uns hingegen herrscht Gleichgültigkeit ... Die Probleme des Nordens, vor allem die Auswirkungen der technikbedingten Belastung sind außerordentlich akut. Anstatt sich aber unverzüglich mit deren Lösung zu befassen, einer sehr schwierigen Arbeit, ist man damit beschäftigt, den Kernforschern die Schuld zuzuschieben. Das ändert die Situation natürlich nicht, dabei steht die Ökologie des Nordens am Rande einer Katastrophe. Wenn sie nicht schon eingetreten ist ... Man sollte eben keine Windmühlengefechte führen, sondern etwas gegen die reale Gefahr tun!«

Stanislaw Nikolajewitsch, Sie sind Chefkonstrukteur für Atom- und Wasserstoffwaffen. Soweit mir bekannt ist, haben nur vier Personen in unserem Land eine solche Funktion. Wie alt sind Sie, und wie lange arbeiten Sie schon in Arsamas-16?

Ich bin 61 Jahre alt. Mit den Waffen arbeite ich seit 1954.

Haben Sie wissenschaftliche Grade?

Ich bin promoviert.

Mehr nicht?

Ich habe keine Zeit zu habilitieren ... Die Kollegen machen mir Vorwürfe, aber ich habe wirklich keine Zeit dafür, sie würde mir leid tun, denn ich brauche das absolut nicht.

Beginnen wir unser Gespräch mit zwei Problemen: Sicherheit der Waffen und Ökologie. Haben Sie sich schon immer damit beschäftigt?

Ganz am Anfang meiner Arbeit habe ich natürlich nicht über Ökologie nachgedacht. Vor allem, weil ich kein Fachmann auf diesem Gebiet bin. Eine andere Sache ist die Sicherheit der Waffen. Für mich stand sie immer im Vordergrund. Das Niveau dieser Sicherheit hat sich beträchtlich verändert. Die Anforderungen natürlich auch, was nicht ohne Auswirkung auf die Konstruktion der Waffen geblieben ist.

Zum Beispiel?

In allgemeinen Zügen kann ich das sagen ... Unsere ersten Produkte waren »nuklear-unsicher«, d. h., bei Havarien und Explosionen konventioneller Sprengstoffe, die in dem Sprengsatz stecken, hätte eine unvollständige nukleare Explosion stattfinden können. Um das zu verhindern, wurden die spaltbaren Materialien und der Sprengstoff getrennt gelagert und der Sprengsatz erst vor der Verwendung montiert. Die Zünder wurden im allerletzten Moment angebracht ...

Sicherlich eine höchstgefährliche Arbeit?

Natürlich. Diese Operationen wurden unter besonderer Kontrolle und von hochqualifizierten Fachleuten vorgenommen.

Ich erinnere mich noch an das »silberne Zelt«, das nur die »Hersteller« betreten durften. Diese sind dann stolz und feierlich mit ihren blütenweißen Handschuhen hineingegangen ... Dort wurde so etwas wie eine heilige Handlung zelebriert, zu der nur »geweihte Priester« zugelassen waren. So sah es zumindest aus.

So war es auch. Übrigens, hat sich vieles davon gehalten, ist zur Tradition geworden ... Später wurde die Sicherheitsstufe höher, konkret ist es uns gelungen, neue Zünder herzustellen, die weder bei Brand noch bei Aufschlag explodieren und nicht mal losgehen, wenn man sie plattdrückt. Sie reagieren nicht so empfindlich auf Wärme und mechanische Einwirkung wie die bei normalen Sprengsätzen verwendeten.

Würden Sie das als wissenschaftliche Erfindung bezeichnen?

Es war ein gigantischer Schritt nach vorn, eine große wissenschaftlich-technische Leistung ... Dann kam die nächste Anforderung: Wir mußten Sprengsätze herstellen, bei denen es im Falle von Havarien und Fehlern der Operateure überhaupt nicht zu einer nuklearen Explosion kommen kann, nicht einmal zu einer teilweisen. Das heißt, Funktionsprinzip und Konstruktion müssen so sein, daß es unabhängig von der Art der Katastrophe oder Havarie keine nukleare Explosion geben kann. Und diese Forderung wird nun schon einige Jahrzehnte eisern erfüllt.

In der ersten Etappe hielt man das noch für unmöglich?

Natürlich. Es waren große Fortschritte auf unserem Gebiet nötig, ein genaueres Wissen um die Prozesse, die während einer nuklearen Explosion ablaufen. Das haben wir uns im Ergebnis von Versuchen, Experimenten und Forschungen erworben. Heute wird keine Konstruktion mehr in die Produktion gegeben, die nicht diese Sicherheitsqualität aufweist ... Seitdem Tritium, das bekanntlich hochgiftig und radioaktiv ist, Bestandteil des Sprengsatzes wurde, haben wir sofort darauf geachtet, daß es unter keinen Umständen Schaden anrichten kann.

Worin besteht die besondere Gefährlichkeit von Tritium?

Es ist aktiv. Es dringt über die Atmungsorgane und die Haut leicht in den menschlichen Organismus ein. Tritium ist wasserlöslich. Obwohl es eine relativ kurze Halbwertszeit hat, ist es an sich sehr gefährlich. Aber wir haben es geschafft, es in den Griff zu bekommen ... Während wir in den ersten Jahren Arbeiten mit Bauelementen, die Tritium enthielten, unter dosimetrischer Kontrolle durchgeführt haben und die Leute sich mit isolierenden Geräten und Spezialmitteln schützen mußten, können wir jetzt auch unter normalen Arbeitsbedingungen für die Sicherheit garantieren.

Auch ohne Schutzanzüge?

Normale Bedingungen, wie bei jeder anderen Technik.

Ist das ein Beispiel für eine weitere Leistung?

Unser Gebiet entwickelt sich schnell, und dabei sind Aufgaben zu lösen, die zunächst unmöglich scheinen. Hinter jeder steht eine enorme Leistung von Wissenschaft und Technik. Und das ist sehr wichtig. In der Wissenschaft, in der modernen Technik ist Stagnation gefährlich, sogar tödlich.

Ist die heutige Zeit für Sie gefährlich?

Jetzt hat eine neue Etappe begonnen. Die Waffen, die im Ergebnis starker Reduzierungen übrigbleiben werden, machen ein anderes Herangehen erforderlich. Es ist Wahnsinn, daß so viele Waffen angehäuft wurden! Auf unserem Planeten gibt es rund 50000 Gefechtsköpfe – 15000 bis 20000 Megatonnen. Für militärische Zwecke und sogar für die Abschreckung sind so viele nicht notwendig. Meiner Meinung nach begreifen das jetzt sogar die militantesten Kreise, unabhängig davon, wo sie sich befinden – jenseits des Ozeans oder diesseits. Es ist vernünftig, daß Verhandlungen über die Reduzierung geführt werden. Man muß sie nur so durchführen, daß in jeder Etappe der Reduzierung das atomare Gleichgewicht erhalten bleibt. Eine Verletzung dieses Gleichgewichts würde wieder zur Destabilisierung der Welt führen. Es ist sehr wichtig, dieses Gleichgewicht zu halten, damit niemand angesichts der Gefahr eines Gegenschlages auf die Idee kommt, Kernwaffen einzusetzen.

Ist das denn möglich?

In der ersten Etappe hat man nicht viel darüber nachgedacht, daß Kernwaffen gar nicht für den Einsatz auf dem Gefechtsfeld vorgesehen sind. Aber jetzt ist doch klar, daß sie eine politische Waffe zur Abschreckung sind. Vernünftige Menschen werden sie niemals einsetzen. Sie zwingt jeden Aggressor, auf abenteuerliche Entscheidungen zu verzichten. Jeder, der Böses im Schilde führt, versteht sehr wohl, was für ein schrecklicher Gegenschlag ihn treffen kann.

Sie sprachen von 50000 Gefechtsköpfen und 20000 Megatonnen. Wenn man die auf einmal zündet, was passiert dann auf dem Planeten?

Alles Leben wird mehrfach vernichtet.

Wenn Sie so genau wissen, daß so viele Waffen nicht notwendig sind, warum haben Sie nie protestiert?

In jungen Jahren habe ich oft mit Andrej Sacharow gesprochen. Ich war Konstrukteur, habe am Reißbrett gearbeitet, und die Theoretiker, mit Sacharow und Seldowitsch an der Spitze, kamen häufig zu uns. Wenn wir dann über die Konstruktion diskutiert haben, wurden unwillkürlich auch philosophische Fragen berührt – ob unsere Arbeit nützlich ist, wie die Folgen sein werden usw. Sacharow hat sogar aus dem Stehgreif ausgerechnet, in welcher Generation Genmutationen stattfinden würden und wer davon betroffen wäre, wenn man eine Bombe von einer bestimmten Stärke zünden würde. Deshalb haben wir uns von Anfang an Gedanken um die Folgen unserer Arbeit gemacht. Als ich mich dann zunehmend mit der Wirksamkeit von Kernwaffen und dem strategischen Gleichgewicht beschäftigte, fiel uns das nüchternere Herangehen der Amerikaner auf – sie arbeiteten systematisch und verschwendeten die Mittel nicht unüberlegt. Sie hatten längerfristige Programme, präziser umrissene Ziele und nahmen nur einmal in zehn oder fünfzehn Jahren kardinale Veränderungen an den Waffen vor. Bei unserem System der totalitären, zentralen Führung wurden unaufhörlich Veränderungen verlangt. Im Grunde genommen haben wir alle drei bis vier Jahre, manchmal sogar alle zwei Jahre völlig neue Muster gebaut. Daher rührt unser riesiges Spektrum und die überschüssige Quantität. Aber das ist alles Geld, Verschwendung von Mitteln. Wir kannten die reale Sachlage, haben unsere negative Meinung dazu geäußert, aber es war nicht üblich, solcherart Informationen bis zu den höchsten Instanzen weiterzuleiten. Wir verfügen über Berichte mit detaillierten Analysen der Sachlage in den USA und bei uns. Übrigens, wir sahen darin im Vergleich zu den Amerikanern ganz schön schlecht aus. Es war daraus abzulesen, daß unsere Arbeit nicht rationell organisiert war. Aber die Leute, die diese Materialien von uns bekamen und sie an die höchsten Machtebenen weiterleiten sollten, haben dies aus Angst einfach nicht getan. Schließlich war unklar, wie die Reaktion ausfallen würde, vor allem in bezug auf diese Leute selbst.

Schreiben Sie auch heute noch solche Berichte?

Ständig.

Ist es nicht viel wichtiger, an die Öffentlichkeit zu gehen?

Vor allem müssen Entscheidungen gemeinsam gefällt werden! Wie war es denn früher? Irgend jemand hat oben etwas angeordnet, und uns blieb nur die Erfüllung, ohne Diskussion ... Es gibt noch eine weitere Besonderheit: Wir haben zwar viel von den Amerikanern kopiert, aber letztlich befinden wir uns in einer anderen geopolitischen Lage, bei uns haben diese schrecklichen Waffen andere Aufgaben zu erfüllen. Man sollte meinen, wir müßten über ein eigenständiges Kernwaffensortiment verfügen, aber in Wirklichkeit haben wir häufig kopiert und damit unnütze Produkte hergestellt.

Waren Sacharows Äußerungen nach seiner Verbannung identisch mit Ihren Ansichten?

Mir scheint, Sacharow hätte hier mehr Nutzen bringen können. Zumindest, was unsere Interessen angeht. Sicher hätten wir es dann leichter gehabt ... Aber er ist weggegangen. Sacharow hatte hier viele Freunde und Anhänger, vielleicht hätte er mit ihnen gemeinsam viel mehr ausrichten können. Aber dort, im »großen Land«, war er allein ... Für uns war es in der ersten Zeit schwer ohne ihn. Er war ein ruhiger, aber entschlossener Mann. Er blieb konsequent bei seinen Ansichten, und in den meisten Fällen, meine ich, hatte er recht.

Man erinnert sich hier mit großer Hochachtung an Sacharow, auch er hatte gute Beziehungen zu seinen ehemaligen Mitarbeitern aus Arsamas-16.

In seinen Memoiren äußert er sich positiv über viele. Zum Beispiel über David Fischman, einen der Begründer unserer Konstrukteursschule, der für viele von uns der wichtigste Lehrer war. Sacharow schreibt sehr detailliert über ihn. Das freut mich ... Damals war es interessant, hier zu arbeiten.

Warum?

Uns drückten nicht so viele Alltagssorgen, wir konnten uns voll und ganz der Arbeit widmen. Ganze Nächte haben wir durchgearbeitet und uns nie darüber beklagt. Es war schwer, aber interessant ... Damals bedeutete alles Neue einen Durchbruch. Später entstand das Projektierungssystem. Im Grunde genommen arbeiten wir noch heute an der Weiterentwicklung dessen, was damals erfunden wurde ... Zum Beispiel hatten wir sofort begonnen, uns mit dem Problem der Sicherheit zu befassen. Eine andere Sache ist, daß wir sie erst jetzt auf den den notwendigen Standard bringen. Also stimmt es schon, wenn gesagt wird, daß »schon alles getan ist«. Aber andererseits stimmt es wiederum nicht, weil nicht nur die Erhöhung der Sicherheit unabdingbar ist, sondern weil auch noch nicht alle Möglichkeiten der Kernwaffen erforscht sind.

Warum ist die Vernichtung der Kernwaffen, ihre Lagerung und Demontage so schwierig?

Die Schwierigkeiten bestehen in folgendem: Wenn wir früher zur Erneuerung unserer Arsenale eine bestimmte Menge von Gefechtsköpfen hergestellt haben, so wurde parallel die gleiche Menge demontiert, der Arbeitsumfang hielt sich also in normalen Grenzen. Aber jetzt läuft es anders. Die Anzahl der zu vernichtenden Sprengsätze ist so hoch, daß sofort Probleme entstanden sind. Erstens muß die Sicherheit der Transporte garantiert werden. Gegenwärtig hat die Verlagerung besonders gefährlicher Frachten ungeheuer zugenommen. Komplikationen bereitet dabei nicht die Menge, sondern die Begleitfaktoren: der Zustand der Bahnwege und der Züge, die erhöhte Kriminalität, unvorhersehbare Ereignisse, wie z. B. die Möglichkeit, daß die Züge unter Beschuß geraten könnten. Früher lief das alles diszipliniert ab und war gut organisiert. Wenn schon so ein Transport unterwegs war, dann kam ihm keiner entgegen und keiner überholte ihn, er war von allen Seiten her abgesichert. Auch war entsprechender Schutz in all den Orten gewährleistet, durch die der Transport rollte. Aber eigentlich wurde selten transportiert. Und jetzt? Einige Dutzend Transporteinheiten sind manchmal unterwegs.

Sind sie denn nicht eingeplant?

Vergessen Sie nicht, daß in einer ungewöhnlichen Situation selbst normale Vorgänge gefährlich werden können. Und die Situation heute ist ja wohl nicht normal?! ... Zweitens unterscheidet sich der Prozeß der Demontage von dem der Montage, was die Gefahren erhöht. Allein der Materialverschleiß, auch wird die Konstruktion vom »Rumliegen« nicht besser usw. In der Produktion berücksichtigen wir alle notwendigen Maßnahmen, kennen die Technologie, wissen, wie wir in dem einen oder anderen Falle vorzugehen haben ... Schließlich bereitet die Lagerung dessen, was wir demontieren, Probleme. Alle technischen Maßnahmen zur Sicherstellung der Technologie werden von uns berücksichtigt, aber manchmal werden sie von politischen Maßnahmen eingeholt. Eile ist in unserer Arbeit aber unangebracht ... Und natürlich das letzte – die Lagerung des spaltbaren Materials sowie die Kontrolle darüber. Dabei gibt es allderdings einen Haken. Aus irgendeinem Grunde soll nur bei uns kontrolliert werden, wie wir das spaltbare Material lagern. Meiner Ansicht nach ist das ein globales Problem. Wenn die Amerikaner wissen möchten, wie wir Plutonium und Uran lagern, dann müssen wir auch kontrollieren, wie sie ihres lagern. Hier muß genaue Parität herrschen. Wenn die Dinge bei uns verplombt werden, dann bei ihnen ebenfalls. Aber einen wirklichen Kontrollmechanismus gibt es bis heute nicht, und soviel ich weiß, werden keine vernünftigen Verhandlungen darüber geführt. Es gibt Forderungen ihrerseits, aber bislang läuft alles einseitig. Mit einer solchen Situation können wir uns nicht einverstanden erklären. Man muß auf paritätischer Grundlage Ordnung schaffen. Der Kontrollmechanismus muß international und für alle gleich sein.

Gibt es für Sie, die Hersteller der Waffen, psychische Probleme bei der Demontage?

Ich würde so sagen: Waffenhersteller haben immer psychische Besonderheiten. Wir haben es mit einer gefährlichen Produktion zu tun, und das muß sich auf den Menschen auswirken. Was aber die Demontage und Verwertung angeht, da denke ich, wird es keine Probleme geben. Wir reden doch ständig davon, daß wir zu viele Waffen haben und sie reduziert werden müssen. Deshalb ist die Mehrzahl unserer Fachleute für eine vernünftige Rüstungsreduzierung.

Die Gefechtsköpfe werden also demontiert. Was können wir davon heute oder in Zukunft nutzen? Oder vernichten wir nur und gewinnen nichts dabei?

Bislang sind die Ausgaben größer als jeglicher Gewinn. Die brauchbaren Materialien sind geringfügig. Sie werden wiederaufbereitet, aber unsere Konstruktionen sind nicht metallintensiv, der Anteil der konstruktiven Elemente ist sehr klein. Was die Spezialmaterialien angeht, so wird ein Überschuß an Uran-235 entstehen, das aber für die Atomenergetik genutzt werden kann. Auch Plutonium wird frei, seine Nutzung ist allerdings bislang noch ungelöst. Klar ist, daß man es lagern und abwarten muß, bis die Wissenschaftler einen Verwendungszweck gefunden haben. Übrigens hat Sacharow seinerzeit schon davon gesprochen, daß es eine Perspektive für Plutonium geben wird, aber bislang sind solche Möglichkeiten nicht gegeben.

Wenn dem Föderativen Kernforschungszentrum die generelle Aufgabe übertragen wird, eine Lösung für die Nutzung von Waffenplutonium zu entwickeln, werden Sie dann einen Ausweg finden?

Bei entsprechender Finanzierung und Kräftekonzentration unbedingt. Früher oder später muß diese Aufgabe sowieso gelöst werden. Wir haben einige Ideen und Vorschläge, dennoch ist es eine Aufgabe der Zukunft.

Es gibt so ein Spiel, das unter Journalisten sehr populär ist. Man stellt die Frage: »Wenn ich Direktor wäre, dann ...« Im Grunde genommen sind Sie so ein »Direktor«, deshalb möchte ich die Frage etwas anders stellen: Stellen Sie sich vor, Sie wären Präsident Rußlands. Was würden Sie mit den Kernwaffen machen, überhaupt mit Ihrem Bereich?

Ich würde das tun, was wir vorschlagen. Erstens eine Rüstungsreduzierung, die von einer sorgfältigen Bilanzierung und der Wahrung des Gleichgewichts begleitet sein muß. Daraus ergibt sich nur eine Schlußfolgerung: Der Bestand und die Struktur der Atomwaffen müssen in jeder Etappe der Abrüstung präzise analysiert werden, wobei die Situation bei den Amerikanern und auf dem Planeten insgesamt berücksichtigt werden muß. Meiner Ansicht nach ist eine Behandlung dieser Fragen ohne Fachleute, ohne die Kernphysiker, unmöglich, sogar falsch. Leider werden wir bislang selten hinzugezogen. Wir verstehen nicht ganz, auf welcher Ebene, auf wessen Empfehlung und mit welcher Prognose die Entscheidungen gefällt werden. Bestimmte Waffen bleiben, andere werden abgeschafft. Aber ich bin sicher, unser Wort kann bei solch einem Prozeß nicht das unwichtigste sein. Auf unsere Meinung sollte man natürlich hören, da wir die Besonderheiten unserer Konstruktionen kennen und real wissen, welche Waffen wir behalten und welche wir in erster Linie abschaffen sollten. Wozu ein Geheimnis daraus machen, es gibt Waffenarten, die wir Konstrukteure nicht gerne zu unserer Rüstung zählen würden. Aber wenn diese aus Gründen, die von uns nicht abhängen, erhalten bleiben, wird das negative Auswirkungen haben. Leider hatten wir schon mit solchen Fällen zu tun. Es gibt Waffenarten, um deren Abschaffung wir uns seit mehr als 15 Jahren bemühen, trotzdem werden sie nicht nur erhalten, sondern auch reproduziert. Vielleicht wird sich die Situation jetzt ändern ... Zweitens: Initiativen sind immer gut, aber besonders jetzt müssen die Vorschläge zur Atomwaffenreduzierung mit der Situation der nichtatomaren Angriffskräfte ins Verhältnis gesetzt werden. Die Kräftebalance wird nicht nur durch das atomare Gleichgewicht bestimmt. Es gibt Waffensysteme, die sie bereits verletzen, was die Lage in der Welt weiter destabilisiert. Diese Momente müssen unbedingt berücksichtigt werden. Aber mir scheint, daß unser Außenministerium oft politischen Initiativen nachjagt, Autorität und Gewicht in den Augen der Öffentlichkeit gewinnen will, und dabei den rein militärisch-technischen Aspekt vergißt. Diplomaten sollten sich häufiger mit Fachleuten beraten. Schließlich können sich die Ereignisse unvorhersehbar entwickeln. Und im Endergebnis können wir dann unter Druck stehen. In Rußland haben sich alle möglichen Zentren für strategische Forschungen gebildet, die aus ehemaligen Militärs oder sogar aus Laien bestehen. Trotzdem hört die Regierung oftmals auf deren Meinung, zumal deren Forschungsergebnisse oft als objektiv ausgegeben werden. Dabei erfüllen sie lediglich gezielte Aufträge und spiegeln meist die Stimmung ganz bestimmter Gesellschaftsgruppen wider. Ich bestreite nicht, daß man die Meinung solcher Zentren berücksichtigen muß, aber man darf sie nicht als Anleitung zum Handeln benutzen, ohne andere Analysen einzuholen. Möglicherweise sollte man so eine Art Zentrum für strategische Forschungen auch in Arsamas-16 etablieren, schließlich geht es um ausgesprochen komplizierte und wichtige Probleme, und die darf man nicht Laien überlassen.

Sie sind 38 Jahre hier, bereuen Sie diese Zeit?

Wissen Sie, nein! ... Wo hätte ich eine interessantere und spannendere Arbeit gefunden? Wahrscheinlich nirgendwo. Unsere Arbeit ist ungewöhnlich, untypisch. Und wo hätte ich die Möglichkeit gehabt, so vielen hervorragenden Menschen zu begegnen?! Und die Hauptsache: Ich mußte viel im Land umherreisen, war in ganz verschiedenen Kollektiven, und deshalb kann ich offen sagen – ich habe nirgendwo so ein Kollektiv getroffen, wie wir es hatten und noch haben ... Mein Charakter mag auch eine Rolle spielen – wenn ich etwas begonnen habe, dann führe ich es unbedingt zu Ende. Aber unser Kollektiv ist wirklich einzigartig. Wir haben das Beste, was es in diesem Land gab, aufgesogen, daher die hohe Zuverlässigkeit, die Qualität und Arbeitshaltung. Es wäre eine Sünde, das alles aufzugeben ...

Wann hatten Sie es am schwersten?

Jetzt. Und das nicht, weil ich Chefkonstrukteur geworden bin. Die Zeit ist einfach so, ich muß mich mit zu vielen abseitigen Dingen befassen. So muß ich z. B. ständig der Einmischung von Laien in die atomaren Probleme entgegentreten, muß »Aufklärungsarbeit« betreiben, denn hinterher lassen sich begangene Fehler viel schwerer korrigieren.

Alexander Pawlowski (†)

Mitglied der Akademie der Wissenschaften

Welche Perspektive sehen Sie für die Kernforschung?

Die Menschheit kann nicht vergessen, was sie bereits einmal erfunden hat, also müssen wir uns von der Illusion trennen, man könne die Atombombe oder die Kernkraftwerke verbieten, vergessen oder vernichten. Wahrscheinlich muß man das Problem etwas anders formulieren: Wie kann eine große Leistung des menschlichen Geistes vernünftig genutzt werden?

Wenn wir von der Atomenergetik sprechen, so haben wir nur einen Ausweg. Wir müssen sie nutzen, einen Rückzug gibt es nicht. Der Erdball ist klein, er kann nur eine bestimmte wissenschaftlich-technische und technologische Belastung aushalten. Irgendwann einmal kommt es unweigerlich zur Krise. Heute bezeichnen wir sie als eine ökologische. Neue Technologien schieben diese Krise auf, verlängern das Leben der Menschheit. Ich denke, die Entstehung der Atomenergetik ist nichts anderes als eine Widerspiegelung dieses Prozesses. Im Vergleich zu anderen Energiequellen ist sie effektiver und ökologisch ungefährlich. Natürlich nur, wenn wir ohne Havarien arbeiten.

Aber das ist nicht mehr ein Problem der Nutzung der Atomenergie, sondern der Sicherheit bei ihrer Anwendung.

Betrifft das auch die Kernwaffen?

Man sollte um dieses Problem keine Hektik entwickeln. Die Kernwaffen sind ein zu »diffiziles Instrument«, und bevor man es anfaßt, muß man zumindest eine elementare professionelle Ausbildung haben ...

Die Politiker reden von Rüstungsreduzierung, aber die Waffen schießen wie Pilze aus dem Boden. Wo ist da die Logik? Für meine Begriffe bleibt nur ein Ausweg: den Prozeß der Kernwaffenvernichtung unter die Kontrolle der Öffentlichkeit zu stellen. Wir müssen wissen, wie viele Sprengsätze und Gefechtsköpfe produziert und wie viele davon vernichtet wurden. Nur in diesem Falle kann die Abrüstung irreversibel werden.

Ich habe von Ihrer Idee der öffentlichen Vernichtung der Waffen gehört und muß ehrlich sagen, daß ich sie nicht unterstütze. Aus mehreren Gründen. Vor allem wegen der Nichtweiterverbreitung der Waffen. Bei der Herstellung eines Sprengsatzes gibt es etliche Tricks. Gerade sie sind es, die die Technologie und die Effektivität der Gefechtsköpfe bestimmen. Wenn ein Fachmann beim Prozeß der Demontage zuschaut, entdeckt er diese Tricks ziemlich leicht, wodurch er wiederum kompliziertere Probleme lösen kann, die das »Produkt« in sich birgt. Für einen Wissenschaftler ist nicht das Resultat entscheidend, sondern der Weg dorthin.

Ich denke, es kann nicht allzu kompliziert sein, gerade die Tricks geheimzuhalten.

Praktisch ist das schwierig zu machen ... Es ist sehr, sehr gefährlich, wenn sich Außenstehende in Prozesse einmischen, die nur von Fachleuten beeinflußt werden können.

Aber wenn Sprengsätze dort demontiert werden, wo man sie auch hergestellt hat, dann kann doch die Kontrolle einfach von Experten, d. h. Vertretern der Öffentlichkeit, ausgeübt werden.

Dennoch ist Vertrauen die grundlegende Voraussetzung für unsere Arbeit. Die Zeiten haben sich geändert. Vor zehn oder zwanzig Jahren wurde zwar auch schon über Abrüstung geredet, aber erst jetzt ist sie eine dringende Notwendigkeit geworden. Unser Staat hat sich zu bestimmten Dingen verpflichten müssen. Die Leute, die die Sprengsätze montiert haben, sind überaus diszipliniert – das gehört einfach zu ihrer Arbeit. Folglich, wenn man ihnen sagt »demontieren!«, dann werden sie es genauso gewissenhaft ausführen wie vorher die Montage. Wie man diesen Prozeß sozusagen »von außen« und dann noch durch eine breite Öffentlichkeit kontrollieren will, kann ich mir, ehrlich gesagt, nicht vorstellen. Nehmen Sie diesen vierten Block des Kernkraftwerks in Tschernobyl. Natürlich war er in technischer Hinsicht nicht vollkommen. Dennoch ist es erst durch die Einmischung inkompetenter Leute zur Havarie gekommen. »Spielereien« mit einem Atomreaktor, wie sie dort veranstaltet wurden, sind unzulässig und verbrecherisch. Ich begreife bis heute nicht, wie man sich auf so etwas einlassen konnte ... Die Demontage von Sprengsätzen muß der Technologie folgen und in ruhiger Atmosphäre durchgeführt werden. Stellen Sie sich den Zustand eines Spezialisten vor, den man zwingt, einen nuklearen Sprengsatz auf dem Roten Platz oder im Olympiastadion zu demontieren, vor einer großen Menschenmenge, laufenden Kameras und klickenden Fotoapparaten. Das wäre doch eine absolut anomale Situation.

Nun gut, jede Idee läßt sich ins Absurde treiben. Es gab Leute, die versucht haben, eine Show zu inszenieren, in deren Mittelpunkt Atomwaffenspezialisten stehen sollten ... Ich dachte allerdings an eine Gruppe von Experten, die von der Öffentlichkeit nominiert werden und denen man vertrauen kann.

Und die sehen nun, wie ein Gefechtskopf zerlegt wird – na und? Vielleicht wird nebenan ein neuer zusammengesetzt?

Es gibt doch ein Plutoniumlager. Man muß sich überzeugen, daß die konkrete Zelle des Lagers Plutonium enthält und daß es unter Kontrolle ist. Nicht im Gefechtskopf, sondern eben im Lager. Was ist an dieser Idee verwerflich?

Sie bringt nichts. Wenn von vornherein Mißtrauen herrscht, ist ebensogut denkbar, daß dieses Plutonium zwar herausgenommen, danach aber für einen nächsten Gefechtskopf benutzt wird ... Eine objektivere

Kontrolle wäre die Anzahl der Träger, die durch verschiedene Methoden registriert werden können, unter anderem auch durch Satelliten. Ohne Trägerraketen, Flugzeuge, Schiffe und U-Boote stellt ein nuklearer Gefechtskopf keine Gefahr dar. Da der Abrüstungsprozeß alle Komponenten einbeziehen muß, ist es meiner Ansicht nach falsch, sich nur auf die Demontage der Sprengsätze zu konzentrieren. An die Gegner der Kosmosforschung adressiert, möchte ich übrigens sagen, daß heute ein reales Bild der Abrüstung ohne Kontrolle aus dem Weltraum unvorstellbar ist. In vielen Fällen ist eine Aufklärung aus dem Kosmos in der Lage, ziemlich präzise Aussagen sowohl über die Raketen als auch die Gefechtsköpfe zu vermitteln, mit denen diese bestückt sind.

Nehmen wir die reale Situation. Krawtschuk erklärt beispielsweise, daß »sämtliche taktische Waffen vom Territorium der Ukraine abtransportiert sind«. Jelzin bestätigt, daß »Rußland die taktischen Sprengsätze entgegengenommen und vernichtet hat«. Wo ist die Garantie dafür, daß Krawtschuk und Jelzin die Weltöffentlichkeit nicht irregeführt haben?

Eine solche Garantie gibt es nicht. Ganz gleich, bei welcher Art von Kontrolle. Ich will ein primitives Beispiel anführen: In den Betrieben gab es die Arbeiterkontrolle, außerdem paßte die OBCHSS* auf, und dennoch verschwanden Waren in irgendwelchen Kanälen ... Deshalb sind Beobachter in keinem Fall eine hundertprozentige Garantie. Es müßte objektive

* Milizabteilung zum Kampf gegen Diebstahl sozialistischen Eigentums und Schieberei.

Kontrollkriterien geben. Was für welche? Ich weiß es nicht ...

Vertraut man Ihnen, als dem Schöpfer der Kernwaffen? Ihren Ideen, Ihren Worten?

In meinem Freundes- und Bekanntenkreis glücklicherweise ja. In einer normalen Gesellschaft muß sich alles auf Vertrauen gründen. In dieser Stadt, unter den Menschen, mit denen ich zu tun habe, war das immer so. In einer anderen Atmosphäre wäre es unmöglich gewesen, das zu tun, was hier geleistet wurde. Es wäre undenkbar gewesen, überhaupt zu arbeiten. Vielleicht ist dieses moralische Prinzip auf die heutige Gesellschaft nicht mehr anwendbar, aber Vertrauen ist die einzige sichere Garantie.

Auf die rein menschliche Ebene mag das zutreffen. Aber heute setzt doch niemand mehr Vertrauen in Politiker oder Staatsmänner, auch nicht in die Zukunft. Was ist in dieser Situation zu tun?

Ich weiß es nicht. Möglicherweise müßte der Präsident erklären, daß wir soundso viel Gefechtsköpfe haben und soundso viel demontieren ...

Bekanntlich gab es die Erklärung, daß unsere Raketen nicht mehr auf die Städte der USA gerichtet sind ...

... Und Kosyrew hat dann hinzugefügt, auch nicht mehr auf Asien. Das heißt wohl, unsere Raketen sind jetzt in den Kosmos gerichtet!

Gegen Außerirdische!

Zu solchen Aussagen kommt es durch inkompetente Berater. Natürlich, der Präsident oder der Außenminister können nicht alle Details kennen, aber schließlich haben sie einen Apparat. Solche Erklärungen diskreditieren in erster Linie diejenigen, die die Materialien für einen Politiker vorbereiten. Der Kernwaffenberater des Präsidenten müßte ein wirklich anständiger, hochqualifizierter Fachmann sein, denn Ethik, Moral und Technik sind bei diesen Fragen eng miteinander verknüpft.

Wir haben vorhin darüber gesprochen, daß Waren oftmals in irgendwelchen Kanälen verschwinden. Ist so etwas mit der Atombombe möglich?

Im Prinzip ist alles möglich. Jemand könnte den Auftrag geben, einen nuklearen Sprengsatz zu stehlen, und eine bestimmte Gruppe versucht dann, ihn in die Tat umzusetzen. Wenn sie sich etwas Originelles ausdenken, könnte so eine Operation erfolgreich sein. Ganz allgemein halte ich so etwas für möglich. Aber ein nuklearer Sprengsatz ist eine etwas ungewöhnliche Angelegenheit, und man muß schon ein guter Fachmann sein, einschließlich breiter Kenntnisse im Bau von Sprengsätzen, um das erstens zu tun und zweitens etwas damit anfangen zu können. Letztlich sind das aber rein spekulative Überlegungen, denn unser Registratursystem schließt eine solche Möglichkeit eigentlich aus.

Wenn pro Jahr fünf Sprengsätze hergestellt werden, mag ein Kontrollmechanismus zuverlässig sein. Es werden aber Hunderte, Tausende produziert.

Das Kontrollsystem hängt nicht von der Quantität ab. Es wurde über Jahre hinweg entwickelt, mehrere unabhängige Organisationen sind daran beteiligt, so daß Zufälligkeiten ausgeschlossen sind. Im Prinzip ist es möglich, eine Bombe zu stehlen, praktisch geht es nicht. Zumindest, wenn Sie mir diese Aufgabe stellen würden, könnte ich sie nicht erfüllen.

Nehmen wir folgende utopische Variante: Sie leben in einer Geheimstadt. Sie hatten im Alltag weniger Schwierigkeiten als alle anderen in diesem Land. Jetzt verändert sich die Lage. Sie sind beispielsweise unzufrieden mit der Regierung und ergreifen hier die Macht. Dann erklären Sie: »Wenn ihr uns kein Geld gebt, wenn ihr uns nicht unsere Privilegien zurückgebt, dann werfen wir die Bombe auf euch.« Das Szenario einer solchen atomaren Erpressung ist detailliert in einigen Romanen nachzulesen, die Amerikaner haben einen entsprechenden Film gedreht ... Also, Sie, zwei bis drei Chefs und der Chefkonstrukteur sind sich einig, daß der Staat völlig am Ende ist, sogar aus Norwegen kommt schon humanitäre Hilfe ... Sie drohen nicht einmal mit Gewalt, sondern erklären einfach, daß Sie ein paar nukleare Sprengsätze an Libyen und den Irak verkaufen wollen. Das wäre völlig ausreichend, um die Lage in der Welt zu verändern, sich in die Beziehungen zwischen den Staaten einzumischen und die existierenden internationalen Verträge zu verletzen. Wo ist die Garantie, daß so etwas nicht passiert?

Ganz einfach: Das Volk hat uns den Bau der Kernwaffen anvertraut, und das allein garantiert schon, daß wir sie niemals zum Schaden der Menschen einsetzen werden. Die Bombe muß man nicht nur mit kühlem Verstand machen, sondern unbedingt auch mit sauberen Händen ...

Wann sind Sie nach Arsamas-16 gekommen?

1951.

Hat Ihnen die Arbeit hier moralische Befriedigung gegeben?

Ja, und ich kann auch sagen, warum ... Als ich an

der Universität studierte, hatten wir phantastische Dozenten, Sinelnikow war der Betreuer meiner Diplomarbeit. Damals habe ich mich mit Problemen beschäftigt, die von der Waffenthematik weit entfernt waren. Ich habe Spektren kosmischer Strahlen untersucht, das gehört heute schon fast zur klassischen Physik ... Als ich anfing, hatte ich wiederum Glück. Ich kam zu Leuten, die der Wissenschaft grenzenlos ergeben waren, zu Phantasten ... Manchmal brachte unser Chef morgens irgendeine neue Idee mit, die ihm nachts gekommen war ... Unsere Gruppe versammelte sich, wir zerpflückten diese Idee, so daß er sogar ein bißchen beleidigt war, aber am nächsten Morgen erschien er mit einem neuen phantastischem Einfall ... Diese Atmosphäre war ungewöhnlich, kreativ ... Zu dieser Zeit befaßten wir uns mit kernphysikalischen Untersuchungen, die mit der Wasserstoffbombe verbunden waren. Wir hatten ein großes Modell, an dem wir alle möglichen Messungen durchführten, die für die Berechnung der Bombe notwendig waren. Die Arbeit verlief natürlich in einem ungewöhnlichen Tempo. Auch der Kontakt zu solchen Menschen wie Sacharow, zu anderen Theoretikern, beispielsweise zu Tamm, machte uns kreativ. Außerdem gab es technische Möglichkeiten, die eigenen Ideen umzusetzen, was für einen Wissenschaftler sehr viel bedeutet. Natürlich lebten auch wir nicht im Schlaraffenland. Geld war einfach damals nicht das Problem, wir bekamen soviel wir wollten. Aber das industrielle Potential war viel zu niedrig. Beispielsweise mußten Messungen zum spontanen Zerfall vorgenommen werden. Dafür benötigt man einen geräuscharmen Verstärker. Es gab natürlich keine, herstellen konnte ihn auch niemand. Da haben wir inländische und ausländische Apparaturen auseinandergenommen und uns aus den Einzelteilen selbst einen zusammengebaut. So ging es uns mit kleinen Geräten und großen Apparaturen – alles wurde hier hergestellt. Die gesamte komplizierte Technik konnten wir von nirgendwoher bekommen, sie existierte einfach nicht. Das hat uns ziemliche Anstrengungen gekostet, uns aber auch geschult, und es hat große Befriedigung bereitet. Die Amerikaner haben ihre Geräte und Apparaturen einfach bei Spezialfirmen bestellt. Jetzt wundern sie sich, wie wir komplizierte Probleme mit so einfachen Methoden lösen können ...

Was haben Sie bei der ersten Kernexplosion empfunden, die Sie gesehen haben?

Als Wissenschaftler hat mich das Grandiose dieser Erscheinung fasziniert, die phantastische Kraft, mit der man im normalen Leben nicht in Berührung kommt. Bei dem ersten Versuch mußte ich sogar für meine Neugier bezahlen. In der Regel bekamen wir doppelte dicke Brillen, aber ich wollte alle Phasen des Prozesses sehen, auch die weniger grelle. Deshalb hatte ich bei einem Auge den Filter abgenommen. Etwa einen Monat lang konnte ich nichts mehr sehen, ich war blind ...

Sind Sie Optimist?

Mich beunruhigt, daß wir uns um die Zukunft bringen können. Ich spreche nicht von der beginnenden Verelendung, vom Zusammenbruch der Industrie, vom Zustand der Wirtschaft. Das ist sowieso klar. Aber außerdem fallen die Geburtenraten, die Jugend driftet ins Busineß ab. In unserem Verständnis betreiben sie nichts anderes als Hökerei, Schieberei. Allmählich verwandeln wir uns in ein Land ohne Zukunft, und das ist das schlimmste. Die Leute, die sich heute irren, werden abtreten. Aber wo nimmt man andere her? Wir hatten immer ein großes Plus – die Kinder ... Ich erinnere mich an einen Witz. Ein Mann von uns fragt einen Japaner nach seinen Eindrücken vom Land. Der antwortet: Kinder macht ihr gut, aber mit den Händen arbeitet ihr schlecht ... Leider bringen wir uns jetzt auch um diesen Vorteil ... In der Stadt hat es eine Kunstschule gegeben, dafür wurden einst große Mittel zur Verfügung gestellt. Jetzt wird sie liquidiert, angeblich fehlt das nötige Geld.

Haben Sie das Gefühl, daß weniger junge Leute zu Ihnen kommen?

Natürlich. Ich halte es sogar für möglich, daß in gewisser Zeit keine Leute mehr dasein werden, die mit Kernwaffen umgehen können. Waffen werden dasein, aber alle werden Angst haben, sie zu bedienen. Ohne junge Leute stirbt unser Bereich aus. Schon heute sind wir alten Leute gezwungen weiterzuarbeiten, obwohl wir nach aller Logik unsere Arbeit bereits der nächsten Generation übergeben sollten. Doch die läßt auf sich warten ... Mitunter sind bestimmte Probleme in der Gesellschaft kaum zu spüren, hier aber brechen sie mit Vehemenz hervor.

Jewgeni Negin

General der Luftstreitkräfte und Mitglied der Akademie der Wissenschaften

Jewgeni Alexandrowitsch Negin bin ich zum erstenmal in der Wüste Usbekistans begegnet. Er war der Erfinder und Leiter eines einzigartigen Experiments. Drei Jahre lang hatten Erdöl- und Erdgasspezialisten versucht, eine außer Kontrolle geratene Gasfontäne ungeheuren Ausmaßes zu bezwingen (die Geologen freuten sich übrigens über ihre Stärke, schließlich zeugte sie von einem großen Vorkommen). Da alle herkömmlichen Verfahren versagt hatten, entschied man sich für eine Methode, die General Negin in Arsamas-16 entwickelt hatte. An das defekte Rohr wurde eine schräge Bohrung angesetzt, an die eine spezielle Vorrichtung mit nuklearem Sprengsatz angeschlossen wurde. Durch die ato-

mare Explosion konnte die Fontäne tatsächlich gelöscht werden.

Meine Reportage über dieses Experiment durfte damals nicht erscheinen. Gromyko war erst kürzlich für die vollständige Vernichtung der Kernwaffen eingetreten, und da ließen wir Bomben hochgehen – einem solchen Vorwurf wollte sich das ZK der KPdSU nicht aussetzen. Jefim Pawlowitsch Slawski, zu der Zeit Minister für Kernenergie, war über diese Entscheidung sehr verärgert. Er selbst hatte vorgeschlagen, die Fontäne durch eine Kernexplosion zu löschen, und hatte dies gegen einen gigantischen Widerstand in Moskau und Taschkent durchgesetzt. Jetzt, da das Experiment gelungen war, durfte nicht öffentlich darüber berichtet werden. Slawski hatte sehr wohl begriffen, daß die strenge Geheimhaltung immer mehr zu einer Behinderung für Wissenschaftler und Fachleute wurde, besonders in bezug auf die friedliche Nutzung von Kernexplosionen. In Amerika wurde viel über ein analoges Programm geschrieben, und wir durften kein Wort sagen.

Unser Gespräch begann natürlich mit Reminiszenzen an das Experiment in der Wüste, doch dann kamen wir zu allgemeineren Fragen.

Jewgeni Arkadjewitsch, was bedeuten für Sie die Kernwaffen?

Erwarten sie keine einfache Antwort. Einerseits ist das eine Sache, die ich gut beherrsche. Zumindest von der technischen Seite her. Und ich habe mich damit bis zum letzten Tag meines Dienstes befaßt. Andererseits ist mir klar, daß es in den Auswirkungen auf die Umwelt nichts Vergleichbares gibt. Nur ein Beispiel.

Ein moderner Megatonnengefechtskopf wiegt dreihundert Kilo, vielleicht sogar weniger. Wenn man den über dem Glockenturm zündet, der im Stadtzentrum steht, dann bleibt hier nichts übrig – nur ein kahler Fleck. Ich verstehe, daß die Menschheit bei weitem nicht vollkommen eingerichtet ist, sie war immer gespalten und bleibt wohl auch heute weiterhin in mindestens zwei Lager geteilt. Wir sind mit Amerika noch nicht in solche Beziehungen getreten, daß wir uns an jeder Ecke umarmen und vor aller Augen abrüsten könnten. Da sie Kernwaffen haben, bin ich der Meinung, daß wir sie auch haben müssen. Ich bin nun mal in diesem Waffenbau, also halte ich es auch für meine Pflicht, meine ganze Kraft für diese Arbeit zu geben.

Und wie sind Sie da hingekommen? Damals waren Sie noch nicht Generalleutnant …

Ich war Hauptmann. Das war eine sehr schöne Zeit. Mein Akademiekollege Jewgeni Iwanowitsch Sababachin hatte seine Dissertation verteidigt. Das Thema war die sphärische Implosion, also das, worauf unsere gesamte Technik aufbaut. Sababachin kam zu Seldowitsch, der sich gerade mit diesem Problem befaßte. Seldowitsch schickte ihn sofort hierher. Sababachin holte mich dann nach. Er meinte, hier gehe es um eine richtig große Sache und es lohne sich, seine Kräfte dafür einzusetzen. In der Akademie war es damals nämlich ziemlich langweilig – mal wurde gegen ausländische Etiketten gekämpft, mal gegen die Kosmopoliten. Deshalb war ich einverstanden. Natürlich mußte ich erst einmal verschiedene Dienststellen passieren, aber offenbar hatten meine Vorfahren keine Sünden auf dem Kerbholz, zumindest keine schwerwiegenden. Obwohl sich dann doch herausstellte, daß zwei Verwandte von mir keine »reine Weste« hatten. Zu denen sind sie hingefahren, haben an Ort und Stelle alles überprüft, deshalb mußte ich so lange auf den Einstellungsbescheid warten. Ich bin am 19. April 1949 hierhergekommen, seitdem bin ich hier.

Die Entwicklung dieser Technik hat sich vor Ihren Augen vollzogen. Ist der Unterschied zwischen den damaligen »Produkten« und den heutigen sehr groß?

Kein Vergleich! Allein schon die Größe. Den kleinsten Sprengsatz haben wir etwa 1979 gemacht. Ich habe meine Leute gebeten, ihn neben den ersten zu stellen – wir haben hier so eine Ecke, so was wie ein Museum. Ich würde so sagen, die Stärke hat sich verdoppelt und das Gewicht ist hundertmal geringer geworden. Das charakterisiert in gewisser Weise den Fortschritt. Ganz zu schweigen von den veränderten Eigenschaften der Systeme ...

Was meinen Sie, welche Wissenschaftsbereiche wurden durch diese Technik stimuliert?

Ganz verschiedene. Erstens die Mittelenergiephysik. Sie ist unheimlich weit vorangekommen. Dann die Explosions- und Detonationstheorie. Wir benutzen auch konventionelle Sprengstoffe, deshalb läuft ständig ein Programm zu ihrer Weiterentwicklung. Auf diesem Gebiet wurde sehr viel getan. Mir als Fachmann können Sie das glauben. Die Chemie hat davon kräftig profitiert. Ich habe mich ein wenig mit Geschichte beschäftigt und mir die Entwicklungszeiten genau angeschaut. Interessant ist, daß es in den ersten Jahrzehnten jedes Jahr eine große Vervollkommnung der Waffen gab, und zwar prinzipieller

Art! Entweder wurde der Sprengsatz kleiner, nicht um zwei bis drei Zentimeter, sondern um die Hälfte, oder die darin enthaltene Plutoniummenge verringerte sich um ein Mehrfaches. Oder ein neues physikalisches Prinzip tauchte auf – das kam allerdings selten vor, aber es kam vor. Die Munitionstechnologie hat natürlich auch große Fortschritte gemacht ... Wir haben übrigens praktisch einen neuen Gerätebau entwickelt, der hinkt nach wie vor nicht hinter dem Weltstandard hinterher ... Die Rechentechnik – wie konnte ich die vergessen! Damit hätte ich anfangen sollen ... Eine Bombe wird nicht im herkömmlichen Sinne konstruiert, sie wird zunächst ausführlich von den theoretischen Physikern berechnet. Deshalb ging die Entwicklung der Rechentechnik in unserem Land in erster Linie von uns aus ... Nebenbei gesagt, in der ersten Phase standen hier keine Maschinen, gerechnet wurde per Hand ... In der Kapazität und der Schnelligkeit der Datenverarbeitungstechnik waren wir allerdings immer hinter den Amerikanern zurück.

Und bei den Kernwaffen insgesamt?

Wenn es überhaupt einen Rückstand gibt, dann ist er ganz unbedeutend. In manchen Dingen liegen wir auch vorn ...

Werden Geheimnisse gestohlen?

So etwas ist nicht leicht ... Es wird viel Lärm geschlagen, weil man irgendwo ein Kilo angereichertes Uran-235 entdeckt hat. Und alle werden in Angst und Schrecken versetzt, daß jemand damit eine Bombe zünden könnte! Aber von diesem Uran braucht man zehn- bis fünfzehnmal mehr, um eine richtige Bombe zu bauen ... Unsere Produktion ist unerhört kompliziert und kostenaufwendig, sie erfordert ungeheure Anstrengungen und eine starke Industrie. Reaktorbau bedeutet vor allem eine ungewöhnliche Metallurgie, und die Anreicherung von Uran ist ein ausgesprochen komplizierter Prozeß …

Wann waren Sie das erste Mal bei Versuchen dabei?

1953 … Erprobt wurde zwar noch keine reine Wasserstoffbombe, aber ihre Stärke betrug schon fast eine halbe Megatonne … Wir saßen auf der Anhöhe und warteten. Kurz bevor das Startzeichen ertönte, setzten wir unsere dunklen Brillen auf. Wir waren 31 km entfernt, aber ich spürte die Hitze so deutlich im Gesicht, als sähe ich in einen Ofen. Das war der erste Eindruck von der Stärke … Dann wuchsen sich die Wolken zu gigantischer Größe aus und stiegen in die Stratosphäre auf …

War Ihr Interesse rein professionell?

Gegen seine Emotionen kann man nicht an. Natürlich war es spannend, ob das Experiment funktioniert oder nicht. Es gab auch Fälle, wo es nicht klappte … Wenn alles glatt verlief, haben wir durchaus professionelle Genugtuung empfunden, das ist ganz natürlich.

Haben Sie viele Explosionen gesehen?

Ich war bei fast allen Tests, die unser Institut durchgeführt hat, dabei. Bei mehr als der Hälfte davon war ich der wissenschaftliche Leiter. Ich habe also mehr als genug gesehen. Nach einiger Zeit konnte ich die Stärke schon durch Hinsehen relativ genau bestimmen. Trotzdem wollte man mich nicht auf die Liste der physikalischen Geräte setzen … Spaß beiseite – ich habe es nicht bereut, daß ich mein ganzes Leben, und ich bin bereits 72 Jahre alt, dieser Problematik gewidmet habe. Immerhin konnten wir den dritten Weltkrieg hinausschieben. Ob in weite Ferne oder nicht, das wird sich zeigen. Wir haben es geschafft, auf ziemlich qualifizierte Weise die Parität zu erhalten. Jedesmal, wenn sie (soweit man den Zeitungen glauben darf) einen atomaren Angriff planten, wurde dieser deshalb abgeblasen, weil wir eine neue Waffengattung entwickelt hatten, die einen Angriff ungünstig oder nicht eindeutig erfolgreich gestaltet hätte ... Die Parität hat uns vor Angriffen bewahrt. Aber die Situation kann sich ändern, wenn wir diese Parität verlieren. Und ich bin nicht sicher, ob das nicht passieren kann. Alle reden ständig von Abrüstung ... Ich bin überzeugt, daß die Amerikaner an wirkliche Abrüstung nicht einmal denken. Sie verstehen natürlich, daß insgesamt zu viele Waffen produziert wurden. Um 70 Prozent des industriellen Potentials Amerikas zu vernichten, braucht man 500 Raketen, maximal 700, wenn sie mit Mehrfachsprengköpfen bestückt sind, noch weniger ... Doch dann werden auch wir nicht mehr existieren! Schon dadurch wird ein Krieg sinnlos, denn es würde keine Sieger und Besiegten geben. Derzeit sind aber noch unvergleichlich mehr Waffen vorhanden, folglich ist eine Reduzierung notwendig. Wenn wir jedoch einseitig abrüsten, so sagen wir damit: »Jungs, nehmt uns, wir liegen auf dem Rücken und halten die Pfoten hoch ...« Das Pentagon hat kürzlich erklärt, daß die Raketen auf uns gerichtet bleiben. Sie haben sich also nicht geändert, lediglich die Terminologie wurde ein bißchen variiert. Es ist kein Zufall, daß sie uns vorschlagen, unsere Kernwaffen zu demontieren ...

Aber warum sollte man das nicht nutzen?

Über die Kernwaffen urteilen Laien! So erklärt z. B. die Ukraine, sie wolle im Gebiet von Tschernobyl ein Werk bauen, in dem die nuklearen Sprengsätze demontiert werden, später wolle man sich mit der Wiederaufbereitung der Abfallprodukte befassen. Kompletter Unsinn. Die Waffen müssen in einem mechanischen Werk demontiert werden, da müssen Schrauben gedreht werden. Und die Abfallprodukte gehören in den Bereich der chemischen Produktion. Diese Prozesse haben nichts miteinander gemein! Als ich das gelesen habe, habe ich kräftig geflucht und die Zeitung in die Ecke gefeuert ...

Wahrscheinlich geht es um den Besitz von Plutonium?

Es muß gelagert werden. Dafür braucht man spezielle Depots und Container. Wir haben gelernt, wie man das macht, noch dazu mit absoluter Sicherheit. Den Amerikanern könnten wir in dem Punkt noch was beibringen ... Jetzt, wo der Abrüstungsprozeß in Gang gekommen ist, müßten solche Container und Depots gebaut werden, aber es läuft alles umgekehrt – erst transportieren wir ab, sammeln alles auf einen Haufen, und dann fangen wir an, über die Lagerung nachzudenken.

Kann man die Waffen ohne Versuche weiterentwickeln?

Einige Hitzköpfe versichern, daß man das könnte, weil sich alles berechnen lasse. Aber das trifft nur zu, wenn wir Vergangenes wiederholen, doublieren. Prinzipiell neue Ideen, zuverlässigere und sicherere Sprengsätze lassen sich so nicht entwickeln. Ein Stopp der Versuche würde im Grunde genommen unsere Tätigkeit lahmlegen.

Zwei Worte zu den Versuchen. Ich bin überzeugt, daß man sie absolut sicher durchführen kann. Als wir wieder einmal versucht hatten zu sparen, d. h., die Bombe weniger tief abzusenken, obwohl wir bereits »an der Grenze« gearbeitet hatten, kam es zum Austritt von Gasen ... Die Amerikaner mußten übrigens in einem ähnlichen Fall bitter bezahlen. Zwar lösten sich die Gase sofort auf, stellten keine Gefahr dar, aber dennoch war es zu einem Austritt gekommen. Man muß eben ordentlich arbeiten! Wir können die Versuche natürlich aufgeben, Zeichnungen anfertigen, die nur ins Regal wandern, aber dann wird es keine neuen Waffen geben. Verstehen Sie mich richtig: Ich habe nichts dagegen – laßt uns die Kernwaffen vernichten, absolut alle! Aber gemeinsam – wir und die Amerikaner.

Die Franzosen, Engländer und Chinesen behalten ihre?

Ich meine das so: Wir legen sie in Reih und Glied hin, vergleichen und liquidieren gemeinsam. Wir lassen jedem ein halbes hundert Gefechtsköpfe mit einem einzigen Ziel – wenn ein Terrorist oder Diktator auftaucht, muß er mit einem Vergeltungsschlag rechnen ...

Meinen Sie nicht, daß die Sicherheitsschwelle der Waffen heute niedriger wird?

Natürlich ist es am sichersten, wenn die Munition still daliegt. Beispielsweise im Depot, wo sie in den Raketenköpfen montiert ist, deren Startvorrichtung blokkiert ist. Dann ist es so, als sei sie gar nicht vorhanden ... Jetzt aber, angesichts der Massentransporte, in einer Zeit, wo schrecklich viele Unfälle auf den Transportwegen passieren, muß der Sicherheitsgrad natürlich geringer sein. Trotzdem sind Kernexplosionen oder Diebstahl von Sprengsätzen kaum zu befürchten. Die Militärs begreifen, welche Verantwortung sie tragen.

Wenn ein Sprengsatz gestohlen wird, können die Diebe ihn zünden?

Das ist unheimlich kompliziert. Obwohl man bekanntlich mit einem Hammer alles machen kann – aus Blödheit natürlich. Aber das würde keine normale Kernexplosion sein. Das Plutonium darin ist allerdings gefährlich. Es wird gespalten, verdampft teilweise und zerstäubt. Eine Plutoniumverseuchung wäre eine Katastrophe, keine geringere als Tschernobyl ... Unsere Konstrukteure arbeiten gerade daran, daß es praktisch unmöglich wird, einen Sprengsatz zu zünden. Vielleicht ist ein solcher Sprengsatz vom militärischen Standpunkt her etwas schlechter, aber die Hauptsache ist – er ist viel sicherer. Jedenfalls denken wir nicht nur an einen »Schutz vor Hammerschlägen«. Wir können von Glück sagen, daß Chariton unser wissenschaftlicher Leiter war. Er hat immer die Sicherheit in den Vordergrund gestellt ... Aber Charitons Leben, das ist ein Extrathema. Er arbeitet auch jetzt ohne freie Tage, manchmal bis drei Uhr nachts, dabei ist er schon 89. Ich kann jedoch nicht verstehen, weshalb er auch jetzt noch solange sitzt. Früher habe ich auch bis zehn Uhr abends gearbeitet. Aber jetzt gehe ich um fünf Uhr weg, weil ich sehe, daß ich morgen weiterarbeiten kann – heute braucht das alles doch kein Mensch mehr ...

Dr. habil. Leonid Ognew und Dr. habil. Wladislaw Mochow

Hier in Arsamas kursiert die Meinung, daß Sie, die Theoretiker, bereits vor mehreren Jahren die Ereignisse vorausgesagt hätten, die jetzt in unserem Land ablaufen. Ist das so? Sie, Wladislaw Nikolajewitsch, sollen eine Denkfabrik für Zukunftsprognosen gegründet haben?

MOCHOW: Eine »Denkfabrik«? Nein, das hört sich zu hochtrabend an. Wir haben einfach eine analytische Gruppe gebildet, deren Leiter ich bin. Unser Ausgangspunkt war die Perspektive der Kernwaffen, die Zukunft unseres Instituts, seine Rolle in der Gesellschaft.

OGNEW: Das war 1988 …

Mitten in der Perestroika?

OGNEW: Die Perestroika mußte irgendwann zu Ende gehen, das war vorauszuahnen und sogar genau zu bestimmen.

Bekanntlich wird eine Kernwaffe zunächst vollständig berechnet und erst dann gebaut. Fast wie in der Astronomie: Zuerst werden auf dem Papier die Umlaufbahnen unsichtbarer Planeten bestimmt und dann bedienen sich die Astronomen der Berechnungen der Theoretiker, um sie zu finden.

OGNEW: In unserer Arbeit kommen Irrtümer teurer zu stehen …

MOCHOW: … Übrigens herrschte in der ersten Phase der Perestroika die Meinung vor, daß die Kernwaffen bald nicht mehr nötig sein werden, daß man vollständig zur Konversion übergehen muß. Damals beauftragte mich die Leitung, die ganze Geschichte zu analysieren. Es wurde eine Gruppe von Wissenschaftlern gebildet, die einen scharfen Verstand hatten und gewohnt waren, unkonventionell zu denken. Wir versuchten, die Situation zu analysieren und Überlegungen anzustellen, um danach der Leitung vorzuschlagen, was man unternehmen sollte, um die gigantischen Kräfte von Arsamas-16 anderweitig zu nutzen.

Wie sah Ihre Prognose aus?

MOCHOW: Es war klar, daß das Schicksal des WNIIEF* eng an die Existenz der Sowjetunion gekoppelt war. Zunächst haben wir Informationen gesammelt, was kluge Leute in aller Welt über die UdSSR

* Allunionsinstitut für Wissenschaftliche Forschungen auf dem Gebiet der Experimentellen Physik – d. Ü.

denken. Uns war bekannt, daß dieses Problem auch die Europäische Gemeinschaft und die NATO bewegte. Dort waren unabhängig voneinander zwei Expertengruppen tätig. Sie versuchten die Frage zu beantworten, was die Sowjetunion erwartet. Ebenso wie wir beschäftigten sie sich bereits mit diesem Problem, als Gorbatschow noch ganz obenauf und die Lage relativ stabil war ... Es waren drei Szenarien ausgearbeitet worden ... In einer Variante war ein langsamer Verlauf der Reformen vorgesehen, sozusagen ein evolutionärer Weg. Das zweite Szenarium prognostizierte den vollständigen Zerfall des Landes in kleine Territorien und Ministaaten ... Für uns war etwas anderes wichtig: Alle Szenarien sagten voraus, daß Industrie und Wirtschaft des Landes für bedeutende wissenschaftliche und ingenieurtechnische Ideen unempfänglich sein werden, daß es dafür keine Bedürfnisse geben wird, zumindest was größere Projekte angeht. Da unser Institut aber für die Lösung großer Aufgaben prädestiniert ist, wird es mit der Konversion nicht überleben. Die weiteren Ereignisse haben diese Prognose bestätigt. Mit der Konversion müssen wir uns zwar auch befassen, aber das beansprucht nur einen geringen Teil des Instituts.

Ich verstehe, daß für das Institutskollektiv und für die Bewohner der Stadt diese Schlußfolgerung ausgesprochen ungewöhnlich war. Über mehrere Jahrzehnte hinweg kannte Arsamas-16 keinen Mangel an Mitteln und Menschen, die materielle Situation der Kernphysiker war ebenfalls besser als anderswo.

MOCHOW: Muß sich unser Land eigentlich mit Kernwaffen befassen? Diese Frage stellte sich sofort nach dem »politischen« Teil der Analyse. Sogar unter den Fachleuten, in erster Linie unter den Theoretikern, war die modische Meinung verbreitet, daß alles bereits getan ist, daß Kernwaffen unnötig sind. Das »neue Denken« kam auf, der kalte Krieg gehörte der Vergangenheit an, die Welt hatte sich verändert, folglich könne man die Kernwaffen verbannen und vernichten ... Wir haben auch diesen Fragenkomplex analysiert und festgestellt, daß die Situation gar nicht so ist.

Es gehört schon beträchtlichen Mut dazu, um so etwas heute zu sagen! Die Gesellschaft befindet sich im Hinblick auf die atomare Abrüstung in einem Zustand der Euphorie. Die Grünen haben meiner Ansicht nach schon alle überzeugt, daß man nur die Kernwaffen abschaffen muß und sofort werden Frieden und Glückseligkeit anbrechen ... Im übrigen bewahrheitet sich ein alter Spruch: Wir werden solange für den Frieden kämpfen, bis kein Stein mehr auf dem anderen bleibt. Wenn man heute etwas anderes sagt, setzt man sich von vornherein massiven Angriffen einer Reihe von Wissenschaftlern und Politikern aus.

MOCHOW: Aber die Situation ist tatsächlich nicht so, wie wir sie gerne hätten. Es hat sich herausgestellt, daß vor den Atomfachleuten unerhört komplizierte Aufgaben stehen, die für das Land nötig und wichtig sind. Für deren Lösung brauchte man solche Köpfe wie Sacharow und Seldowitsch. Thema und Richtung der Arbeiten sind bestens bekannt, aber wegen des Auf und Ab im atomaren Bereich, konkret wegen des Atomtest-Moratoriums, wurden sie praktisch nicht in Angriff genommen. Die allgemeine Atmosphäre war so angeheizt, die Angriffe auf die Atomfachleute so massiv, daß wir einfach die Arme sinken ließen ... Ungeachtet dessen werden in den USA solcherart Projekte in großem Maßstab realisiert. Es sei nur eine von vielen Aufgaben genannt – die Erhöhung des Sicherheitsgrads der Kernwaffen. Unsere nuklearen Sprengsätze sind in hohem Maße zuverlässig – selbst wenn alle Sicherheitsstufen versagen oder etwas Ähnliches passiert (ein Brand entsteht, eine Kugel oder ein Splitter in den Sprengsatz einschlägt), kommt es zu keiner Kernexplosion. Das ist durch die physikalischen Mechanismen selbst gesichert. Ein Mensch könnte ebenfalls nichts ausrichten, weil diese Art der Sicherheit im Sprengsatz selbst angelegt ist. Ich sage immer: Geb'e Gott, daß solche Mechanismen auch in den amerikanischen Sprengsätzen eingebaut sind.

Eine paradoxe Situation, nicht wahr? Hier und in den USA schlagen sich die talentiertesten Menschen mit ein und demselben Problem herum – wie sie die Sicherheit erhöhen und gleichzeitig sorgfältig ihre Ergebnisse voreinander verbergen können, damit keiner etwas davon erfährt! Die normale Logik legt einen anderen Ausweg nahe – wenn du einen Erfolg erzielt hast, teile ihn dem anderen mit. Schließlich geht es um die Sicherheit der Menschheit ...

OGNEW: Kernwaffen fordern aber eine andere Logik. Vor allem das Prinzip ihrer Nichtweiterverbreitung setzt erhöhte Geheimhaltung voraus.

MOCHOW: Ich fahre trotzdem fort ... Eine atomare Ladung enthält auch konventionelle Sprengstoffe, und diese können im Falle einer Havarie explodieren. Wenn so etwas irgendwo auf einer Deponie oder unter anderen Umständen passiert, kann es zu einem Ausstoß und zur Zerstäubung von Plutonium kommen. Das hätte eine Katastrophe zur Folge, die mit der von Tschernobyl vergleichbar wäre. Sowohl wir als auch die Amerikaner haben in dieser Richtung intensiv gearbeitet und Wege gefunden, diese Gefahr zu bannen. Soweit mir bekannt ist, haben auch die Amerikaner fast ein Drittel ihrer Sprengsätze bereits auf einen sicheren Mechanismus umgestellt. Aber das Atomtest-Moratorium hat unsere Untersuchungen scharf gebremst. Im Grunde genommen sind wir stehengeblieben ...

Der Versuchsstopp bzw. das Moratorium hat bei vielen, auch bei Abgeordneten und Regierungsmitgliedern eine Euphorie ausgelöst. So, als sei ein großer Sieg über das Atommonster errungen worden. Daraus kann aber schnell ein Pyrrhussieg werden, denn die fehlenden Versuche gestatten es nicht, die Sicherheitsschwelle der Waffen höherzuschrauben. Wo liegt der Ausweg aus diesem Teufelskreis?

MOCHOW: Unsere Gruppe ist sich darüber im klaren, daß mehr Aufklärungsarbeit über die ganze Kernwaffenproblematik geleistet werden muß. Sogar wenn wir den Status eines atomwaffenfreien Staates annehmen würden, müßte an den nuklearen Sprengsätzen in riesigem Umfang weitergearbeitet werden; praktisch genauso intensiv wie bei der Herstellung der Waffen. Schließlich kann man sie nicht einfach vernichten, indem man sie in die Luft sprengt ... Es reicht, an die Chemiewaffen zu denken. Die liegen noch aus der Zeit des Ersten Weltkrieges herum, sie müssen speziell gelagert werden, darum muß man sich gesondert kümmern. Dabei sind diese Waffen verboten, dazu wurde eine Konvention unterschrieben. Der Aufwand an Kräften und Mitteln, um eine effektive und sichere Liquidierungsmöglichkeit zu finden, ist enorm. Mit den Kernwaffen ist die Situation keineswegs einfacher. Chemische Sprengsätze können bei hohen Temperaturen deaktiviert werden – zumindest ist das Prinzip klar, wenn es auch nicht billig ist. Aber was macht man mit den radioaktiven Stoffen? Außerdem stellt Kernwaffenmaterial einen sehr großen Wert dar ... Die Probleme ihrer Vernichtung sind also nicht so einfach, wie viele sich das vorstellen. Und wenn jemand auf dem Roten Platz eine Show veranstalten will, bei der ein nuklearer Sprengsatz demontiert werden soll, dann ist diese Idee einfach absurd. So etwas können nur Menschen vorschlagen, die keine Vorstellung von Kernwaffen haben.

Übrigens, die Idee von der öffentlichen Demontage eines Sprengsatzes stammt von mir ...

MOCHOW: Pardon, aber in unseren Augen ist sie leider absurd.

Ich hatte allerdings die Demontage in einem Werk vorgeschlagen, nicht auf dem Roten Platz. Und nicht als Show, sondern in Gegenwart von Experten, die von der Öffentlichkeit nominiert werden. Aber einige Leute haben in dieser Idee die Möglichkeit gewittert, zu Geld zu kommen, und haben gleich ein »Geschäft« angekurbelt. Der Rote Platz, eine Rock-Show plus Atombombe. Soweit mir bekannt ist, wurde sogar ein Szenarium ausgearbeitet, Abgeordnete agitiert und dann wurden die entsprechenden Papiere dem Präsidenten auf den Tisch gelegt ... Ich bedauere sehr, daß eine ver-

nünftige Idee, die bei durchaus seriösen Leuten und Organisationen Unterstützung gefunden hatte, dermaßen entstellt wurde.

OGNEW: Das ist ein Beispiel dafür, wie unverantwortlich mit der Kernwaffenproblematik umgegangen wird.

MOCHOW: Wir brauchen mehr Vertrauen, das ist sehr wichtig. Wie man mit Menschen umgeht, können wir bei den Amerikanern lernen. Sie erklären nicht Dinge für geheim, die nicht geheim sind, sie beschäftigen sich sehr viel mit Aufklärung, mit Popularisierung. Die Bevölkerung kann ihre Vertrauenspersonen wählen, die sich detaillierter mit dem einen oder anderen Problem bekannt machen, einschließlich der Arbeit der Experten. Wenn beispielsweise Versuche stattfinden, muß vorher detailliert und objektiv darüber informiert werden, ohne etwas zu verheimlichen. In erster Linie über die Strahlungssituation. Hier kann und darf es nichts Geheimes geben. Was aber den nuklearen Sprengsatz selbst anbelangt, da muß man sehr vorsichtig sein ...

Ebenso wie mich interessiert die Mehrzahl der Menschen weniger die Konstruktion des einen oder anderen nuklearen Sprengsatzes und seine Struktur. Wir müssen von ihrer Sicherheit überzeugt sein. Leider haben wir die bittere Erfahrung von Tschernobyl. Bis zur Havarie hat man uns die absolute Sicherheit der sowjetischen Kernkraftwerke eingeredet, und hinterher mußten Tausende mit ihrer Gesundheit und ihrem Leben dafür bezahlen. Wie kann man ein Gleichgewicht zwischen realer Gefahr und realer Sicherheit finden? Wo ist die zulässige Risikogrenze?

MOCHOW: Uns kommt doch jetzt nicht der Gedanke, die Kernwaffen anwenden zu können, nicht wahr?

Dann vernichten wir sie doch.

MOCHOW: Moment mal ... Die Kernwaffen dürfen nicht eingesetzt werden, aber allein der Fakt ihres Vorhandenseins zwingt die Politiker im Streitfall umsichtiger vorzugehen. Das stabilisiert die Lage. Deshalb bin ich der Auffassung, daß die Kernwaffen reduziert werden müssen, und zwar beträchtlich, aber ihre vollständige Vernichtung kann genauso gefährlich sein, besonders die einseitige Vernichtung.

Mir scheint, Sie haben bereits Antworten auf diese Fragen, denn Ihre »Denkfabrik« funktioniert doch?

MOCHOW: Für Außenstehende mag es beruhigender erscheinen, einem Land, dem Instabilität droht, die Kernwaffen zu entziehen. Aber für das Land selbst, das zum gegenwärtigen Zeitpunkt Kernwaffen besitzt, sind sie ein stabilisierender Faktor, auch bei drohenden inneren Konflikten. Was wäre beispielsweise, wenn Jugoslawien Kernwaffen besessen hätte? Für mich gibt es keinen Zweifel, daß die NATO-Truppen sofort im Land gewesen wären und sich der Konflikt nicht bis zur Katastrophe ausgeweitet hätte. Kehren wir zurück zu Rußland. Es gibt ganz offensichtlich Kräfte, die einen Zerfall in Kleinstaaten wünschen. Das Vorhandensein von Kernwaffen wirkt unbestritten diesen Kräften entgegen, zügelt alle extremistischen und nationalistischen Kräfte. Auch zwischen Rußland und der Ukraine ist die Wahrscheinlichkeit von Konflikten geringer, solange Rußland zu den Atommächten gehört.

Das Problem der Sicherheit ist den Fachleuten schon lange bewußt, Sacharow hat auch viel darüber gesprochen. In der ersten Etappe der Kernwaffenentwicklung hatte sich die Sicherheit auf dem Planeten erhöht. Jedoch mit der Weiterentwicklung der Kernwaffen, der wachsenden Anzahl der Gefechtsköpfe, veränderte sich die Situation. Wie die vergangenen Jahrzehnte zeigten, gewann jenes Land die größeren Vorteile, das den Erstschlag gegen den Gegner hätte führen können. Auf diese Weise verringerte sich das Niveau der beiderseitigen Sicherheit und des wechselseitigen Vertrauens zwischen den Staaten. Es besteht eine direkte Relation zwischen der Anzahl der atomaren Gefechtsköpfe und der Sicherheit. Mehr bedeutet nicht besser, und deshalb haben wir nach der optimalen Variante gesucht. Es ist inzwischen allgemein anerkannt, daß diese zwischen zwei- und viertausend Gefechtsköpfen liegt. Sowohl wir als auch die Amerikaner besitzen aber ein Vielfaches mehr, also müssen die Kernwaffen reduziert werden. Wir haben das schon längst begriffen, haben es in allen Details diskutiert und die effektivsten Wege zur Lösung dieses Problems vorgezeichnet.

Sie fanden damals keine Unterstützung bei der politischen Führung des Landes?

MOCHOW: Wir hatten sofort begriffen, daß unsere Öffentlichkeit, die Politiker, sogar Akademiemitglieder, die nichts mit den Waffen zu tun hatten, auf diesem Gebiet absolut uninformiert waren, und das war ein Unglück für die Gesellschaft. Überaus wichtige Probleme wurden dilettantisch entschieden, es gab keinen einzigen Regierungsberater in Sachen Kernwaffen, wodurch grobe Fehler gemacht wurden. Gorbatschow bekam manchmal Ratschläge, die uns einfach peinlich waren. Beispielsweise erklärte er, unsere Wissenschaftler seien in der Lage, Sprengsätze aus sehr großen Entfernungen zu entdecken. Leider ist das kein Einzelfall. Im Ergebnis hat sich im Land eine ausgesprochen oberflächliche Sicht auf die Kernwaffen breitgemacht.

OGNEW: Hinzu kommt, daß es bei uns keine Havarien mit Plutoniumzerstäubung gab, was die Leute beruhigt hat. In den USA sind solche Fälle leider vorgekommen.

MOCHOW: Wir konnten uns unsere Leute immer aussuchen. Wobei wir nicht nur auf Qualifikation und Anständigkeit geachtet haben, sondern auch auf technische Disziplin. Das war das Unterpfand für die Zuverlässigkeit und die Sicherheit der Arbeiten. Seit sich die Situation geändert hat, beunruhigt mich sowohl die Tatsache, daß ich hier lebe, als auch der Gegenstand, mit dem ich mich befassen muß. Wenn man verantwortungsbewußte Leute durch zufällig ausgewählte ersetzt, ist das der direkte Weg in die Katastrophe. Das ist sehr gefährlich. Die guten Fachleute werden jetzt weggehen, für sie findet sich überall ein Platz. Und dann treten weniger erfahrene Leute an ihre Stelle. Das ist sehr, sehr gefährlich. Vor allem für das Land.

OGNEW: Unsere Mittel werden immer mehr gekürzt, die Arbeiten zur Sicherheit geraten ins Stokken. Die Konstrukteure sind in einer schwierigen materiellen Lage, ein habilitierter Wissenschaftler bekommt weniger als ein Schlafwagenschaffner. Das

Ende vom Lied ist, daß dringend notwendige Untersuchungen, einfach nicht mehr durchgeführt werden.

Wie real ist die Gefahr der Emigration von Atomwissenschaftlern?

MOCHOW: Angenommen, irgendwo im Ausland wird am Bau einer Waffe gearbeitet. Die notwendigen Materialien, die Technologien, die Ressourcen sind vorhanden. Wenn dort auch nur ein qualifizierter Fachmann auftaucht, ändert sich die Situation schlagartig. Die für den Bau des Sprengsatzes notwendige Menge an spaltbarem Material verringert sich um ein Mehrfaches, die Gewichtscharakteristika um das Zigfache. Der Preis eines Fachmanns ist dadurch ausgesprochen hoch ... Und jetzt betrachten wir die Sache von der anderen Seite. Ist es amoralisch, wenn ein Mensch in ein anderes Land geht? Betrachten wir die Situation eines ehrlichen Kernwaffenspezialisten. Für die Geheimhaltung bekommt er nichts, die Presse predigt ständig, daß er überflüssig ist, der Staat stützt seine Arbeit nicht ... Dieser Mann hat zwar nicht die Absicht, mit nuklearen Geheimnissen zu handeln, aber er ist fähig, qualifizierte physikalische Forschungen durchzuführen, wie es Tausende seiner Kollegen tun, die ins Ausland fahren und dort Dollar verdienen. Wieso ist er schlechter? Und warum trägt er eine höhere Verantwortung als die Mitarbeiter eines anderen Instituts? Jedenfalls sind die Probleme der Abwanderung von Wissenschaftlern nicht so einfach und nicht so eindeutig, auch nicht die der Kernwaffenspezialisten. Charakteristisch ist, daß dieses Problem den Amerikanern Kopfzerbrechen bereitet, nicht aber unserer Führung, die versichert, bei uns sei alles in

Ordnung und ideal. Das wiederum behaupten dieselben inkompetenten Leute, die damals Gorbatschow Ratschläge erteilt haben. Die Amerikaner übertreiben die Gefahr nicht, vielleicht untertreiben sie sogar. Sie, nicht unsere Regierung, sind bereit, unseren Fachleuten Geld zu zahlen, um sie zu halten.

Wo liegt die Wurzel des Übels?

MOCHOW: Mir scheint, daß viele Politiker bei uns keine eindeutige Haltung zum atomaren Komplex haben und seine Bedeutung unterschätzen. Und das ist ein tragischer Fehler.

OGNEW: So traurig das klingen mag, aber wir sind jetzt »überflüssige Menschen« im Staat. Braucht Rußland Kernwaffen? Nehmen wir England und Frankreich. Sie befassen sich mit ihren Waffen und nicht mit den amerikanischen. Das ist kein Zufall – schließlich geht es um die Position eines Landes in der Welt.

MOCHOW: Jetzt freut sich Bush, daß er so ein Monster wie die Sowjetunion besiegt hat, Rußland auch in der atomaren Rüstung geschwächt sieht. Aber ich bin zutiefst davon überzeugt, daß die Amerikaner spätestens in fünfzehn Jahren Bush deshalb verfluchen werden. Wie sehr sich Amerika irren kann, wissen wir nur zu gut. Wie hat man dort triumphiert, als die erste Atombombe gebaut war! Aber wohin hat das geführt? Wenn Amerika früher unverwundbar war, so bestand ganze zehn Jahre später die Möglichkeit, daß auch sein Territorium zur Kampfarena hätte werden können, mehr noch – das ganze Land war atomar bedroht … Das zu Bush. Japan gibt bereits mehr Mittel für die Rüstung aus, im Zentrum Europas ist das vereinigte Deutschland entstanden, China hat jetzt schon den gleichen Rüstungsetat wie die USA, und bis zum Jahre 2000 wird er auf das Fünffache hochschnellen. Stellen wir uns vor, es gäbe keine Sowjetunion mehr, kein Rußland, aber statt dessen Dutzende Zwergstaaten. Damit würde auch der »atomare Puffer« wegfallen, der die Welt bislang im Zaum zu halten vermag ... Was wäre denn mit England, Frankreich und den USA passiert, wenn sie vor dem Zweiten Weltkrieg den Zusammenbruch der UdSSR erreicht hätten? Es ist übrigens charakteristisch, daß Politiker und Diplomaten nur die nächste Zukunft ziemlich genau prognostizieren können, sich längerfristig aber häufig irren. Dieses historische Axiom hat schon Sacharow festgestellt.

OGNEW: Die Kernwaffen sind billig, und für Rußland sind sie dringend notwendig – darin liegt der Sinn staatlichen Denkens. Es wird viel von Ökonomie gesprochen. Wenn Arsamas-16 vollständig vernichtet wird, bringt das der Ökonomie gar nichts. Der Präsident selbst versteht das meiner Meinung nach, was man von seiner Umgebung nicht sagen kann, zumindest hinterlassen Äußerungen im Obersten Sowjet oder in der Presse diesen Eindruck.

Es ist Ihnen also nicht gelungen, sich mit Stacheldraht von der Außenwelt abzuschotten? Spüren Sie in Ihrer Tätigkeit die Krise in der Gesellschaft?

MOCHOW: Sehr stark. Und leider wirkt sich das auf die Arbeit aus.

OGNEW: Wenn wir vor fünf Jahren felsenfest behaupten konnten, daß wir in nichts hinter den Amerikanern zurückstehen, so befürchte ich jetzt, daß sich die Situation nicht zu unseren Gunsten verändert. Bislang kann ich nur von indirekten Angaben ausgehen …

MOCHOW: … man braucht nur die Anzahl ihrer Versuche und unserer zu vergleichen, dann wird alles klar!

OGNEW: Bekanntlich sind Haie pausenlos in Bewegung. Wenn ein Hai aufhört zu schwimmen, geht er unter. So ist es auch in unserem komplizierten Beruf – werden die Forschungen unterbrochen, geht die ganze Arbeit zugrunde, verlassen uns einzigartige Fachleute, ohne die eine vernünftige Reduzierung des nuklearen Arsenals bei Wahrung der Sicherheit und einer ausreichenden Verteidigungskraft sowie der Wirtschaftlichkeit unmöglich ist.

Jeder Vergleich hinkt. Sie haben ein ziemlich pessimistisches Bild gezeichnet, obwohl ich verstehe, daß es objektiv ist.

MOCHOW: Den Vergleich mit den Haien sollten wir lieber lassen, sonst wird er sofort von Atomwaffengegnern aufgegriffen und wir sind nicht mehr die »Falken«, sondern die »Haie«.

OGNEW: Man kann uns mit einem Flugzeug während des Fluges vergleichen. Wenn man den Motor abschaltet, stürzt es ab.

MOCHOW: Mit einem Flugzeug, das geht vielleicht.

Scheint Ihnen nicht, daß die Atomspezialisten zu sehr verschreckt sind – nun haben sie schon vor Worten Angst?

OGNEW: Das ist das Echo auf diese ungerechte Attacke, die gegen uns geritten wird. Leider ist man dabei in den Ausdrücken nicht mehr zimperlich.

Was kann von den Kernwaffen nach der Demontage genutzt werden?

MOCHOW: Ein Teil der Apparatur ist immerhin zu verwenden, einige seltene Materialien. Aber das Wertvollste sind natürlich Plutonium und angereichertes Uran. Uns wurde vorgeschlagen, beides zu vernichten. Als die Amerikaner davon gehört haben, waren sie entsetzt: Wie kann man Gold vernichten?! Wir stimmen darin mit ihnen überein. Dennoch bleibt das Problem der Nutzung. Plutonium in Reaktoren zu verwenden ist zu teuer, also muß es vorläufig deponiert und geschützt werden. Wir wollen hoffen, daß eines Tages eine neue Technologie zur Verwendung dieser wertvollen Materialien entwickelt wird.

OGNEW: Die USA haben ihre Plutoniumproduktion für Atomwaffen bereits gestoppt, unsere Vorräte sind auch groß genug. Es gibt bestimmte Ideen für die friedliche Nutzung, aber um die Arbeiten fortzusetzen, braucht man Finanzen ... Bislang müssen wir jedenfalls abwarten.

Bei der Herstellung der nuklearen Bomben und Sprengsätze sind viele – Dutzende, vielleicht auch Hunderte – völlig neue Technologien entwickelt worden. Sind diese Technologien heute außerhalb der Rüstungsproduktion verwendbar?

OGNEW: Die Raketenfachleute haben es einfacher, sie können ihre Zielprogrammierung schnell variieren. Oft ist es ausreichend, die Nutzlast zu verändern. Und die von ihnen entwickelten Technologien sind leicht auf rein wissenschaftliche oder volkswirtschaftliche Schienen umzulenken. Bei uns gibt es einen diffizilen Aspekt. Angenommen, es wurde eine einzigartige Technologie für Waffen entwickelt, aber sie wäre auch anders nutzbar. Wir können das jedoch nicht tun, weil ein Abkommen über die Nichtweiterverbreitung solcher Technologien existiert. Vorläufig sehe ich nicht, wie wir eine ganze Reihe von großen Leistungen anderweitig nutzen können, obwohl sie vorhanden sind. Andererseits muß einiges dennoch von der Geheimhaltung befreit werden. Beispielsweise wird jetzt die Sprengtechnologie sehr breit für die unterschiedlichsten Zwecke genutzt – vom Stanzen von Formteilen bis zu Bohrungen. In Arsamas gibt es wunderbare Arbeiten zu konventionellen Sprengstoffen, sie sind um einiges effektiver als die in Wissenschaft und Technik herkömmlich bekannten Technologien. Ich sage das mit voller Verantwortung. Vor kurzem waren Mitarbeiter von Akademieinstituten bei uns und haben sich hier umgeschaut. Sie mußten zugeben, daß sie mindestens zehn Jahre brauchen, um unser Niveau zu erreichen. Natürlich sind solche Technologien bereits heute in der Industrie anwendbar, aber leider ist es in unserem Land nach wie vor unsäglich schwer, etwas Neues industriell umzusetzen ... Oder nehmen wir unsere Gerätebauer. Ihre Technik wurde bei Nukleartests verwendet, aber sie ist in jedem anderen Zweig genauso effektiv. Der Bedarf an solchen Apparaturen ist gewaltig. Aber ich wiederhole, unsere Industrie ist zur Zeit für große ingenieurtechnische Neuerungen nicht aufnahmebereit. Bei Kleinigkeiten kann man noch das eine oder andere durchsetzen, aber große Projekte sind heute praktisch nicht zu realisieren.

MOCHOW: Mit kleineren Dingen können wir etwa zwanzig Prozent des Budgets erwirtschaften, mehr nicht. Bei den Amerikanern ist das anders – die Nutzung von Innovationen erreicht dort dreißig bis fünfzig Prozent. Dabei ist prinzipiell wichtig, daß ihre Kernforschungszentren Staatseigentum sind, das private Kapital also nicht am Prozeß der Waffenherstellung beteiligt ist und keinen Einfluß auf die Atomzentren hat. Uns aber will man in die Arme von kommerziellen Strukturen treiben. Meiner Ansicht nach ist das nicht nur falsch, sondern einfach unhaltbar.

Ich würde gern auf den Beginn Ihrer Tätigkeit zurückkommen. Erinnerungen sind immer angenehmer als die Realität. Wie sind Sie nach Arsamas gekommen?

MOCHOW: 1955 beendete ich mein Studium. Zu diesem Zeitpunkt hatte ich bereits mehrere Arbeiten publiziert. Damals konnte das Institut seine Kaderwünsche vorrangig geltend machen, d. h., hier wurden die Wissenschaftler eingestellt, die gebraucht wurden. Ehrlich gesagt, ich wollte nicht hierher. Ich habe drei Monate abgewartet, dann hatte ich nichts mehr zu essen und bin schließlich losgefahren. Allerdings habe ich es später nie bereut. Es ist kein Geheimnis, daß das Niveau der Technologie, der Forschung und der Disziplin in der Sowjetunion im allgemeinen nicht sehr hoch ist, hier aber war das Arbeitsniveau sowohl in der Wissenschaft als auch in der Ingenieurtechnik in keinerlei Hinsicht niedriger als das westliche. Wenn z. B. ein bestimmtes Gerät entwickelt werden mußte, so wurde das von uns zwanzigmal effektiver und qualitativ besser bewältigt, als in Moskau. Von einer prinzipiell neuen Idee bis zu ihrer Umsetzung brauchten wir ein Jahr, das war einmalig im Land. Unsere Fachleute haben die Fähigkeit, eine Idee auch praktisch umzusetzen, und das können leider nur wenige im »großen Land«.

OGNEW: Ich bin glücklich, daß ich hierhergekommen bin. Von der Ausbildung her bin ich Techniker, ich habe am Leningrader Institut für Militärmechanik studiert. Dieses Institut ist als Kaderschmiede für die Verteidigungsindustrie bekannt. Damals hatte Jakow Borissowitsch Seldowitsch die Idee, drei Spezialisten mit technischer Ausbildung zu sich in die Sektion zu nehmen. Ich gehörte dazu. Vorher waren nur theoretische Physiker eingestellt worden ... In der ersten Zeit kam ich mir unter den Physikern etwas seltsam vor, als ob ich in ein anderes Land gekommen wäre. Ich verstand ihre Sprache nicht, erst allmählich habe ich sie gelernt. Zu meinen Kollegen gehörten solche Leute wie Sacharow, Seldowitsch – da kommt man zwangsläufig zu Verstand. Ich habe die heroischste Zeit mitbekommen ...

MOCHOW: Wir verstanden uns auf Anhieb, nicht nur in physikalischen Fragen, sondern auch politisch. Wir wußten sehr wohl, daß unsere Gespräche abgehört wurden, aber wir haben für freimütige Äußerungen keinerlei Strafen bekommen. Es war gestattet, ziemlich »unzüchtige« Dinge zu sagen ...

Zum Beispiel?

MOCHOW: Im Institut habe ich »Das Kapital« studiert und natürlich die »Löcher« in der marxistischen Logik gesehen. Ich hatte die Idee, den Marxismus auf der Basis der Klassentheorie zu verbessern. Ich bereitete einen Artikel vor und ging damit zu Sacharow. Sacharow las ihn, und dann sagte er: »Wer hat Ihnen gesagt, daß die Klassen die Geschichte bestimmen?« Er hat mir in zwei Sätzen bewiesen, daß das ein ungeheurer Unsinn ist ... Das war 1956, als hier absolut alles abgehört wurde.

Stimmt es, daß sich Andrej Sacharow in der Zeit, als er hier tätig war, viel für Politik interessiert hat?

MOCHOW: Sehr wenig! Nachdenken über Politik war für uns Erholung, Gehirnmassage – mehr nicht! ... Später, nachdem er von uns weggegangen war, hat er sich voll der politischen Tätigkeit gewidmet. Leider kennen nur wenige Sacharow aus der Zeit, als seine Kräfte und sein Talent voll zur Geltung kamen. Diejenigen, die Sacharow erst nach seinem Leben in Gorki gesehen haben, verstehen nicht, daß das nur ein Zehntel von dem Sacharow war, den wir kannten. Sowohl in politischen Fragen als auch in der Wissenschaft. Wissen Sie noch, wie Sacharow damals auf der Tribüne des Volksdeputiertenkongresses die Fassung verlor, weil er ausgepfiffen wurde? Da haben wir alle gesagt, das ist nicht unser Sacharow! Bei uns hatte er augenblicklich auf jede Situation reagiert. Er hatte ein rasches Denkvermögen ... Sehen Sie, man weiß in der Wissenschaft um die Denkschnelligkeit Seldowitschs – das ist fast schon Lehrplanstoff, aber Sacharow hat ihn oftmals übertroffen! Er konnte immer scharf und unerwartet reagieren. Es ist bedauerlich, daß die Welt Andrej Sacharow vor allem aus der Zeit kennt, als er nur noch über ein Zehntel seiner Möglichkeiten verfügte. Sogar sein Gesichtsausdruck hatte sich verändert, der strahlende Nimbus war weg.

Wer hat Sie von Ihren Mitarbeitern am meisten beeindruckt?

MOCHOW: Von den Alten – Nikolai Alexandrowitsch Dmitrijew. Er war nur promoviert, aber er hob sich von allen ab, sogar von Sacharow. Bei uns war es sogar Usus zu sagen: wenn weder Sacharow noch Seldowitsch die Aufgabe rauskriegen können, dann muß man zu Dmitrijew gehen. In mehreren Fällen war das auch so ... Er war ein Mann von unvorstellbar hohem Niveau, ein äußerst interessanter Mensch. Er hat sich nie um akademische Grade bemüht, wollte nie Karriere machen.

OGNEW: Dmitrijew war ein sehr bescheidener Mensch. Es gab sogar folgende Geschichte: Er sollte für den Leninpreis eingereicht werden. Als er davon erfuhr, hat er sofort an Chariton geschrieben und gedroht, er höre auf zu arbeiten, wenn das passiere!

Was waren Ihre ersten Eindrücke von einer Kernexplosion?

OGNEW: Als ich 1958 auf das Versuchsgelände kam, habe ich zunächst im wesentlichen das gesehen, was ich aus Filmen kannte. Aber die nächtliche Explosion hat dann natürlich einen ungewöhnlichen Eindruck auf mich gemacht. Das war im März 1958. So etwa gegen zehn Uhr abends passierte es. Ein märchenhafter Anblick! Zuerst grelles Licht, der Blitz, dann wird die Feuerkugel rot und die Berge und Täler leuchten auf ... Das rote Licht ist sehr grell ... Als ob man in eine andere Welt versetzt worden wäre ...

MOCHOW: Ich war bei Explosionen in der Atmosphäre und bei unterirdischen Versuchen dabei, bei vielen. Einen gewissen moralischen Druck spürt man schon ... Explosionen in der Atmosphäre sehen schön aus, ungewöhnlich.

OGNEW: Aber der wesentliche Eindruck wird nicht durch das äußere Bild bestimmt. Ich war bei dreißig bis vierzig Explosionen dabei. Die Aufregung kommt von etwas anderem – du arbeitest ein Jahr, zwei Jahre, du gehst mit einer Idee schwanger, du setzt sie durch, aber das Ergebnis bringt erst der Versuch. 5, 4, 3, 2, 1, 0, und dein Herz bleibt stehen: Funktioniert es oder nicht? Bewegt sich der Berg oder nicht? Und dann springst du vor Freude hoch, wenn es geklappt hat. Oder du ziehst mit eingezogenem Kopf ab.

MOCHOW: Ich springe zwar nicht, aber ich hatte auch nie die Sicherheit, daß es klappen würde. Je neuer das Prinzip, desto interessanter, desto größer aber auch die Zweifel. Da werden enorme Leistungen investiert, große Mittel, Jahre deines Lebens, und alles entscheidet sich in einem Moment ... Ganz am Anfang meiner Arbeit habe ich bei einem Experiment zugesehen, an dessen Vorbereitung ich nicht beteiligt war. Ein neuer Sprengsatz wurde auf das Versuchsgelände gebracht – und auf einmal ein Mißerfolg! Viele waren in einem solchen Streßzustand, daß ihnen elementare Fehler unterliefen. Aber vielleicht hatten sie auch Angst vor den Berija-Sanktionen, obwohl er selbst nicht mehr am Leben war. Seldowitsch war jedenfalls nicht wiederzuerkennen, es verging viel Zeit, bis er seine normale Verfassung wiederfand. Aber einen Kratzer hat er wohl zeitlebens zurückbehalten.

Hatte die Geheimhaltung Auswirkungen auf Ihre Psyche, auf Ihr Leben?

OGNEW: Wohl nur im ersten Jahr.

MOCHOW: Das ist ganz individuell. Ich hatte keine Schwierigkeiten, aber ich kenne Menschen, auf die sich das sehr stark auswirkt. Einmal hat mich meine Mutter besucht und gesagt: »Hier bekommt man keine Luft« ... Die Geheimhaltung sieht hier aber ganz anders aus, als viele es sich vorstellen, in vielem diszipliniert sie. An unseren Arbeitsplätzen spüren wir das nicht ... Schlecht ist, daß ich Freunde und entfernte Verwandte nicht in die Stadt einladen kann. Sogar für die nächsten Familienangehörigen gab es strikte Beschränkungen, man mußte drei Monate vorher einen Antrag stellen, einen Fragebogen abgeben. Auch der Besuch naher Verwandter wurde bei weitem nicht immer gestattet. Im übrigen gelten die Bestimmungen noch immer ...

Das Band war abgelaufen. Ich habe kein neues eingelegt, weil ich mit Wladislaw Mochow über Pilze ins Gespräch kam. Mochow und Ognew haben mir ihre heiligen Fundstellen »offengelegt« ... Später erinnerten wir uns an Semipalatinsk, an den Tschagan-See. Es stellte sich heraus, daß Sie vor gar nicht allzu langer Zeit dort waren.

»Wenn ich Karpfen aus dem Tschagan esse, weiß ich, daß ich meine eigenen Isotope schlucke«, sagte Ognew im Scherz.

»Auf mein Konto kommen auch ein paar Verschmutzungen, aber radioaktive Isotope sind dort wenig«, setzte Mochow hinzu.

Damit trennten wir uns in der Hoffnung, uns bald wiederzubegegnen, auf Nowaja Semlja oder hier, in Arsamas. Denn jeder von uns ist davon überzeugt, daß das Atomzeitalter noch nicht zu Ende geht.

Physiker können ihre Gedanken formulieren. Besonders die theoretischen Physiker. William Lawrence, ein amerikanischer Kollege von Mochow und Ognew, hat einmal gesagt:

»Der Mensch hat einen Stoff gefunden, mit dem man ein stärkeres atomares Feuer entfachen kann als jedes andere, irgendwann auf der Welt angezündete. Mit seiner Hilfe kann der Mensch eine neue Zivilisation schaffen, die Erde in ein Reich des Überflusses verwandeln.«

Möglicherweise sieht gerade so die Zukunft unseres Planeten aus. Alles hängt nur davon ab, ob Vernunft oder Wahnsinn die Welt beherrschen werden.

Samwel Kotscharjanz

Chefkonstrukteur

Im Informationsdienst des Föderativen Kernforschungszentrums hatten mich die Kollegen gewarnt: Kotscharjanz sei ein komplizierter Mensch, die Presse möge er nicht, von sich selbst erzähle er nicht gern. Das Leben in einer absolut geheimen Stadt hinterläßt Spuren. Erst recht, wenn sich ein Mensch von Anfang an mit Kernwaffen befaßt hat, seit 1945. Im Laufe all dieser Jahrzehnte war Samwel Grigorjewitsch Kotscharjanz nur im Dienst berechtigt, über »seinen Beruf« zu sprechen, und das auch nur im engen Kreis. Außerhalb des Laboratoriums, des Instituts und der Stadt war er verpflichtet, sich als sonst jemand auszugeben, nur nicht als Atomfachmann. Als seinen Wohnort gab er meistens Moskau an. In seinem Paß stand sogar eine Moskauer Adresse mit polizeili-

cher Anmeldung, obwohl dieses Haus gar nicht existierte. Allerdings trug der Stempel im Paß ein besonderes Zeichen, und wenn er aus irgendeinem Grund in die Fänge der Miliz geraten wäre, hätte man ihn wenige Minuten später wieder freigelassen. Mehr noch – der Offizier hätte ihn militärisch gegrüßt und sich lange entschuldigt, natürlich nicht, ohne den Inhaber eines so autoritären Dokuments neugierig zu beäugen. Der Befehl lautete nämlich unzweideutig, daß Besitzer dieses Dokuments mit besonderer Hochachtung zu behandeln seien ... Dieses Gesetz wurde in erster Linie von den Bewohnern der Atomstadt selbst strikt eingehalten. Samwel Kotscharjanz ist jetzt 83 Jahre alt, jahrzehntelang war er Chefkonstrukteur der Waffen. Die Unterhaltung mit einem Journalisten muß für ihn fast wie eine Begegnung mit einem Außerirdischen sein ... So etwas wäre gestern noch unmöglich gewesen!

Samwel Grigorjewitsch, wie sind Sie hierhergekommen?

Auf Anordnung Stalins. 1945 war ich Lehrstuhlleiter am Moskauer Energetischen Institut. Serbin, der im ZK die Abteilung Verteidigung leitete, kam zu uns und sagte, daß es eine Anordnung des Genossen Stalin gebe, mich hierher zu versetzen. Ich versuchte zu protestieren, denn, ehrlich gesagt, wollte ich die interessante Tätigkeit im MEI nicht aufgeben, aber es half nichts ... »Ich kann nichts tun, das ist ein Befehl des Genossen Stalin!« ... Später habe ich noch mal versucht, hier rauszukommen. Ich wandte mich an Chruschtschow, aber der antwortete nur: »Kotscharjanz soll im ›Objekt‹ bleiben. In Moskau hat er nichts zu suchen!« ... So bin ich halt hiergeblieben.

Als Sie hierher gingen, hatten Sie da eine Vorstellung, was Sie hier machen werden?

Als Einstieg schrieb ich erst mal eine Erklärung an den Chef des »Objekts«, Pawel Michailowitsch Sernow. Ich bat darum, nach Moskau abkommandiert zu werden, da es hier entsprechend meinem Fachgebiet keine Verwendung für mich gebe. Sernow rief mich zu sich, wir redeten, und dann schickte er mich zu Chariton. Juli Chariton war damals noch ein blutjunger Mann, und er sagte mir ganz offen, daß er selbst nur eine nebulöse Vorstellung von dem habe, was gemacht werden soll. Er meinte, wir würden dann eben gemeinsam suchen ...

Bereuen Sie nicht, daß es Ihnen damals nicht gelungen ist, aus dem »Objekt« rauszukommen?

Wie kann man ahnen, was gewesen wäre, wenn ...?!

Sind Sie nicht der Ansicht, daß Sie hier lange Jahre umsonst zugebracht haben?

Natürlich nicht! Ich bin stolz darauf, eine spezielle Waffe zum Schutz unseres Landes geschaffen zu haben ... Nein, ich bereue meine Vergangenheit nicht ... Ja, ich mußte Tag und Nacht arbeiten. Unter unglaublich schweren Bedingungen! Die Menschen haben sich nicht geschont ... Heute ist es wohl unmodern, darüber zu sprechen, aber es war so. Und es war unser Leben ... Zuerst leitete ich die Abteilung Automatik, dann wurde ich stellvertretender Chefkonstrukteur, und seit 1959 bin ich Chefkonstrukteur. Das war ich insgesamt dreißig Jahre. Ich habe oft darum gebeten, mich abzulösen, es reichte mir schon lange, aber erst seit 1989 bin ich wieder einfacher wissenschaftlicher Mitarbeiter ...

Erklären Sie einem Laien, was nukleare Munition ist.

Das fällt mir schwer, weil es davon jetzt so viel gibt. Früher gab es die Atombombe .... Was das war? ... Eine normale Bombe, mit dickem Bauch ... Sie enthielt einen Sprengsatz, ein automatisches System, das im entsprechenden Moment, in einer bestimmten Höhe oder bei Aufschlag auf ein Hindernis losging ... Diese Automatik habe ich entwickelt, wobei ich buchstäblich bei Null angefangen habe ...

Warum hatte sie einen »dicken Bauch«, das ist doch unschön?

Na, so ist sie nun mal geworden ... Wir haben die Konfiguration der zum damaligen Zeitpunkt existierenden Bomben genommen und der Kernwaffe angepaßt. Später haben wir sie dann verändert, haben nach und nach außer der Bombe andere Munition hergestellt, Gefechtsköpfe – in erster Linie für Raketen ...

Sie haben »bei Null angefangen«. In welcher Phase hatten Sie das Gefühl, daß es klappen würde?

Eigentlich bin ich Physiker. Ich wurde aber als Leiter der Konstruktionsabteilung eingesetzt. Und genau deshalb hatte ich an Sernow geschrieben, weil ich nicht fachspezifisch eingesetzt worden war. Aber ich hatte den glänzenden Konstrukteur Alexejew als Mitarbeiter, wir haben viel gemeinsam ausgetüftelt. Da es noch keine Erfahrungen beim Bau von automatischen Geräten für Waffen gab, mußten wir uns vieles ausdenken, erfinden. Wir haben natürlich ständig dazugelernt, auch aus unseren eigenen Fehlern. Wissen Sie, ich habe wahrscheinlich einen sonderbaren Charakter – ich bin der Meinung, daß man ein Ziel konsequent verfolgen muß. Ich verstehe beispielsweise nicht, warum Leute ihre Arbeitsplätze wechseln ... Vor kurzem war Präsident Jelzin in Arsamas. Als er von mir erfuhr, daß ich seit 45 Jahren hier arbeite, fragte er verwundert, ob es mir nicht über wäre?! Ich bin eben mit so einem Charakter geboren worden. Was soll man tun, wenn die Beständigkeit genetisch angelegt ist ... Ich möchte auf die Frage zurückkommen, ob ich nicht bereue, daß ich hierhergekommen bin. Stellen Sie sich vor, ich wäre am Energetischen Institut geblieben, hätte den Studenten Vorlesungen gehalten, mich mit wissenschaftlicher Arbeit befaßt. Ich bin überzeugt, daß ich einen solchen wissenschaftlichen Horizont wie hier nicht bekommen hätte. Ich war gezwungen, mich mit sehr vielen Wissenschaftsgebieten zu beschäftigen, sogar mit Raketentechnik. Und solche Möglichkeiten bekommt nicht jeder Wissenschaftler geboten. Deshalb bin ich auf meine Arbeit stolz!

Welchen großen Wissenschaftlern unserer Zeit sind Sie begegnet?

Ich hatte engen Kontakt zu Sergej Pawlowitsch Koroljow.

Was können Sie über ihn sagen?

Er war ein sehr gebildeter Mann. Und sehr hart! Wir haben uns oft gestritten, aber wir haben immer gut zusammengearbeitet. Wir beharrten beide gern auf unserem Standpunkt, und das führt zu gegenseitiger Achtung ... Ich hatte auch oft Kontakt zu Michail Kusmitsch Jangel. Ein großartiger Konstrukteur war das ... Auf dem Gebiet der Steuerungssysteme habe ich mit Piljugin gearbeitet ... Auch noch mit Tschelomej natürlich, er hat sich schließlich mit Raketenkomplexen beschäftigt ...

Und Sie haben sich mit allen gestritten?

Mal so, mal so ... Wir hatten eine schwierige und ungewöhnliche Arbeit, vieles mußte erstmalig entwikkelt werden. Und jede zu lösende Aufgabe hat nicht nur unsere Interessen berührt, sondern auch die der Welt. Deshalb mußten wir uns oft nach »ganz oben« wenden. Wer macht das schon gern?! ... Mir war beispielsweise unklar, wie sich das »Produkt« bei Berührung mit der Wasseroberfläche verhält. Ich sagte zu Koroljow: Man muß eine Rakete in ein Aquatorium schießen. Das wollte er auf keinen Fall. Er meinte, das gäbe internationale Komplikationen usw. Ich bin zu Chruschtschow gegangen und habe ihm erklärt, warum wir Starts im Ozean brauchen. Er war einverstanden und genehmigte es. Koroljow hat seine »Produkte« getestet, und wir auch. Danach bat mich Koroljow: Geh noch mal zu Chruschtschow, ich brauche neue Starts! ... Nur gut, daß die oberste Führung damals etwas auf unsere Meinung gab. Sie wußte, daß wir uns mit seriösen Dingen befassen. Aber dennoch mußten wir oft in die »oberen Etagen« rennen, und das ist nicht sehr angenehm ...

Waren Sie überzeugt, sich im Mittelpunkt der Geschichte zu befinden?

Die Amerikaner haben die Atombombe als erste gebaut. Wir hatten sie nicht. Zu dieser Zeit haben wir mit aller Kraft versucht, die Amerikaner einzuholen ... Jetzt wird viel gestritten, wer das Wettrüsten begonnen hat, wer schuld ist, daß zwei Länder hineingezogen worden sind. Es gibt Leute, die sich jedes Haar einzeln ausreißen und meinen, daß die Schuld bei der Sowjetunion liege. Nein, das ist nicht so! Mir vergeht dabei sogar die Lust zu streiten: Werfen Sie einen Blick in die Vergangenheit, vergleichen Sie die Fakten, die noch dazu unstrittig sind, und Sie bekommen eine eindeutige Antwort! Man darf nicht wegen irgendwelcher Augenblicksinteressen und Ambitionen leichtfertig mit der Geschichte, mit Menschenschicksalen spielen – das führt zu nichts Gutem ...

Die erste Atombombe und die modernen Waffen – dazwischen liegt fast ein halbes Jahrhundert. Wie ist dieser Weg wissenschaftlich zu bewerten?

Das ist sogar äußerlich sichtbar. Aus dem früher riesigen Sprengsatz ist ein kleiner geworden, obwohl die Stärke die alte geblieben ist. Das Gewicht der Automatik hat sich um einiges verringert. Früher wurden beispielsweise fünfzig bis sechzig Kilogramm für eine Apparatur benötigt, jetzt ist das vier- bis fünfmal weniger. Schon das allein zeugt von einem gigantischen Fortschritt. Dabei ist die Automatik nicht mit der Bombe erschöpft, sondern dazu gehört der ganze Messungskomplex, und der ist riesig und vielfältig.

Hat Sie die erste Explosion, die Sie gesehen haben, verblüfft?

Bei dem allerersten Versuch war ich nicht dabei. Ich habe den zweiten und alle nachfolgenden bis 1955 gesehen, dann bin ich plötzlich krank geworden und sogar auf dem Versuchsgelände operiert worden, danach war ich nicht mehr dort ... Aber die erste Explosion, die ich sah, hat mich natürlich in Staunen versetzt ... Ich konnte nicht einmal glauben, daß es so eine Kraft geben kann ... Das schwierigste war für uns immer die Arbeit mit den Zündern, und deshalb war das auch das aufregendste. Es ist eine sehr gefährliche

Operation … Um die Zünder einzustellen, brauchte man völlige Ruhe und Sicherheit, deshalb wurden immer alle weggeschickt. Wenn jemand aufgeregt ist, fangen normalerweise die Hände an zu schwitzen, dann darf man ihn nicht an die Arbeit heranlassen. In solchen Fällen habe ich die Zünder selbst eingesetzt … Aber die hohen Chefs guckten gerne zu, wie das gemacht wird. Einmal kam ein Marschall an, ich glaube Nedelin, aber vielleicht auch jemand anders, und stürzte sich sofort auf das »Produkt«. Er versuchte reinzukriechen, um zu sehen, wie es dort aussieht … Ich habe ihn natürlich weggejagt – er war schrecklich beleidigt … Nein, es war doch nicht Nedelin, ein anderer Marschall, aber das ist unwichtig … Profis sind in unserer Arbeit die Hauptsache, nur ihnen kann man vertrauen. Und deshalb blieben immer zwei bis drei Leute bei dem »Produkt«.

Worin besteht denn die Gefährlichkeit?

Ein einziger Fehler kann eine Explosion auslösen.

Sind die Kernwaffen als »Produkt« sicher? Wenn Sie von Explosion sprechen, dann meinen Sie doch konventionellen Sprengstoff, den die Bombe in hohem Maße enthält, nicht wahr?

Natürlich. Aber schon bei einer normalen Explosion kommt es zum Austritt radioaktiver Substanzen – Uran oder Plutonium … Sicher sind die Kernwaffen deshalb nur dann, wenn man mit ihnen gekonnt umgeht.

Ist damit zu erklären, daß wir im Unterschied zu den Amerikanern keine Havarien mit den Waffen hatten?

Wir haben immer akkurat mit den Waffen gearbeitet.

Sie haben unter Berija angefangen zu arbeiten. Haben Sie seinen Einfluß hier gespürt?

Er hat mir einfach gesagt: »Wenn es nicht funktioniert – erschießen wir dich!«

Und Sie hatten Angst?

Nein, Angst hatte ich nicht.

Warum nicht?

Wir wußten, daß es auf jeden Fall funktionieren muß. Nicht wegen Berija, sondern weil es für das Land notwendig war ... Berija war ja selbst nur ein Befehlsempfänger, auch wenn seine Leute hier überall gearbeitet haben. Der wichtigste war dennoch Stalin. Es ist bekannt, wie aufmerksam er unsere Arbeit verfolgt hat ... Berijas Leute haben manchmal gestört, aber wir wußten, wie wir sie auf ihre Plätze zu verweisen hatten ... Da gab es beispielsweise so eine Geschichte. Ich mußte ein Flugzeug starten lassen, um ein Experiment durchzuführen, aber Berijas Vertreter verbot das. Ich habe versucht, ihn zu überzeugen, aber er lehnte strikt ab ... Also habe ich in Moskau angerufen und gesagt, daß Berijas Leute unsere Arbeit behindern ... Einige Minuten später wußte Berija von dem Vorfall und zog seinen Vertreter auf der Stelle ab ... Ehrlich gesagt, wir haben solche Leute nicht weiter beachtet. Nicht aus Gewohnheit, sondern weil wir uns bewußt waren, daß wir es sind, die für den Schutz der Heimat arbeiten, und es ihre Aufgabe ist, uns dabei zu helfen, und nicht uns zu stören. Deshalb hatten wir keine Angst.

Sie haben noch die Zeit miterlebt, als jeden Morgen die Sträflingskolonnen durch Ihre Straße zogen ...

... und einmal sogar bei mir im Haus eingestiegen

sind. Sie haben eine Uhr, Windeln und sämtliche Oberhemden mitgehen lassen. Ich mußte Sernow informieren, daß ich nicht zur Arbeit kommen kann, weil ich nichts zum Anziehen habe. Man hat mir zwei Hemden besorgt und einen Wachsoldaten dazu. Er hat das Haus bewacht ... Ja, hier haben Häftlinge gearbeitet ... So war die Zeit damals, alles war miteinander verflochten – Freude und Leid, Siege und Tragödien.

Wie schätzen Sie die heutige Kernwaffensituation ein?

Die Amerikaner setzen ihre Arbeiten fort. Sehr intensiv. Und wir schränken uns ein. Meiner Ansicht nach versteht unsere Führung – die Regierung, der Präsident – das Wesen des Problems nicht bis zum letzten. Man muß besonders die Arbeiten zur Schaffung von »sicheren Kernwaffentypen« forcieren – es gibt so einen Begriff bei uns, obwohl er sehr ungewohnt klingt.

Sagen Sie, ist Ihnen in den 45 Jahren, die Sie an den Waffen arbeiten, der Gedanke gekommen, daß sie eingesetzt werden könnten?

Nein, nie! Wir wußten genau – es sind Abschrekkungswaffen. Das, was ich bei den Tests auf den Versuchsgeländen gesehen habe, beweist, daß man die Kernwaffen nicht einsetzen darf. Leider haben das die Amerikaner erst nach Hiroshima und Nagasaki begriffen. Es sind entsetzliche Waffen, aber ihre Existenz sichert meiner Ansicht nach den Frieden, weil sie die Sinnlosigkeit und den Wahnsinn von Kriegen anschaulich demonstrieren.

Aber dennoch finden Kriege statt! In Karabach ...

Jeder Krieg ist sinnlos. Und erst recht ein nuklearer. Uns, den Herstellern der Waffen, war das immer klar.

Wenn Sie Präsident werden würden …

Ich will nicht!

Aber angenommen, wir Demokraten würden Sie plötzlich vorschlagen und wählen! Was würden Sie mit den Kernwaffen machen?

Ich würde sie unverzüglich liquidieren! Aber unbedingt zusammen mit Amerika und den anderen Ländern, die sie besitzen. Und unbedingt unter umfassender internationaler Kontrolle.

Ich möchte doch noch einmal in die Vergangenheit zurückkehren. Jahrzehntelang durften Sie niemandem etwas von Ihren Gedanken, Gefühlen, von Ihrem Kummer und Ihrer Freude erzählen. Die Lebens- und Arbeitsbedingungen haben Sie das Schweigen gelehrt. Ich weiß, daß das Ihre erste Begegnung mit einem Journalisten ist, und es ist nicht leicht, Sie zum Sprechen zu bringen … Also, versuchen wir einmal folgendes Experiment: Semipalatinsk, Versuchsgelände, Sie fahren das erste Mal zu einem Versuch. Wer fuhr mit Ihnen?

Ich weiß nicht mehr.

Das kann nicht sein! Versuchen wir, uns gemeinsam zu erinnern. Also, die ersten Versuche … Sie rauchen viel? …

Woher wissen Sie das?

Das kann ich mir denken …

Heimlich habe ich direkt im »Produkt« geraucht!

Wie das? Das ist doch unmöglich!?

Natürlich war es verboten. Aber mich entfernen konnte ich auch nicht, und geraucht habe ich damals tatsächlich viel. Ich habe den Qualm direkt ins »Produkt« gepustet ... Das war natürlich purer Leichtsinn, aber was wahr ist, muß wahr bleiben ...

Und wer stand daneben?

Juli Borissowitsch Chariton ... Wir waren zu dritt, noch ein Hauptmann, der mir verschiedene Instrumente reichte, auch die Zünder, die ich dann einbaute ... Ich weiß noch genau, daß wir uns nach den Versuchen in den Zug gesetzt haben und drei Tage lang gefahren sind. Ich habe die ganze Zeit geschlafen, denn wir hatten die Versuche ein halbes Jahr lang vorbereitet und uns weder ausschlafen noch satt essen können! Und plötzlich ganze drei Tage im Zug – das war ein Geschenk des Schicksals ...

Wenn Sie jetzt noch einmal von vorne anfangen müßten, könnten Sie wieder so arbeiten, würden Sie es überhaupt wollen?

Nein.

Warum nicht?

Jetzt sollen andere ran ... Unsere Generation hat ihre Pflicht gegenüber der Heimat getan.

Georgi Dmitrijew

Chefkonstrukteur

In der Geheimstadt Arsamas-16 gibt es eine sogenannte Industriezone, zu der nur ein Teil der rund 80000 Bewohner Zugang hat. In dieser Industriezone, die in zahlreiche Abteilungen und Laboratorien gegliedert ist, stehen außer geheimen auch hochgeheime Gebäude, für die wiederum nur einzelne Mitarbeiter eine Erlaubnis haben. Und darin gibt es schließlich Räume, die nur Auserwählte betreten dürfen. Um zu meinem Gesprächspartner Georgi Dmitrijew zu gelangen, mußte ich mehrere Kontrollposten passieren. Das Gebäude, in dem ich mich schließlich wiederfand, sah merkwürdig aus. Ein unendlicher Korridor, der von Kabeln durchzogen war, führte zu einer Marmortreppe, auf der aus irgendeinem Grunde ein bunter Läufer lag. Und dennoch sah alles düster aus, zugleich aber auch monumental.

»Das ist eines der ersten Gebäude, die hier gebaut wurden«, bemerkte mein Begleiter. »Das haben noch Berijas Sklaven hochgezogen«, setzte er hinzu und schwieg dann.

Mich fröstelte sofort, und ich fühlte mich unwohl in meiner Haut. »Berijas Sklaven« – das waren Tausende Sträflinge, die Ende der 40er Jahre das »Objekt« gebaut haben. Ein paar Jahre später gab es hier keine Lager und keine Häftlinge mehr, obwohl deren Arbeitskraft in anderen Betrieben der Atomindustrie noch sehr lange genutzt wurde. Aus Arsamas-16 wurden sie wegen der hohen Geheimhaltungsstufe schnell abgezogen. Aber die Erinnerung an sie lebt nicht nur in den Holzhäusern der Stadt, die von den Herstellern der ersten Atom- und Wasserstoffbomben noch heute bewohnt werden, sondern auch in diesen Gebäuden mit ihren Werkhallen und Laboratorien, in denen jetzt hochmoderne Waffen produziert werden. Hier arbeiten Leute, die seit den fernen vierziger und fünfziger Jahren dabei sind … Unvorstellbar, daß sie wirklich ihr ganzes Leben in diesen Gemäuern zugebracht haben sollen!

»Doch«, bestätigte Georgi Dmitrijew, »das ganze Leben, ich auch, und wir bereuen es nicht. Im Gegenteil, wir sind stolz darauf …«

Wie sind Sie hierhergekommen? Wie sind Sie Chefkonstrukteur geworden?

Es hat sich so ergeben, daß ich vor dem Krieg nur die erste Klasse abgeschlossen hatte. Wir wohnten in Sebesh, einer Stadt an der lettischen Grenze. Mein Vater wurde eingezogen. Die Familie aber – meine Mutter, ihre Schwester, meine Großmutter und mein drei Jahre jüngerer Bruder und ich – ging zu Fuß in die Evakuierung. Wir haben es bis zum Ural geschafft …

Es war eine schwere Zeit, aber gerade sie hat in vielem mein Leben geprägt. Im Unterbewußtsein hatte sich ein schlichter Gedanke festgesetzt: Ein Staat muß sich und seine Kinder verteidigen. Deshalb bin ich nach Abschluß der Schule ans Militärinstitut gegangen. Dann spielte der Zufall mit – es kam ein Vertreter von »oben« und suchte ein paar von uns aus. Die sind übrigens alle heute noch hier.

Das war sicher 1956, als die zweite Truppe für das »Objekt« rekrutiert wurde.

Genau so ist es ... Uns wurde gesagt, wir würden in Mittelrußland arbeiten, bekämen Wohnraum und uns erwarte eine interessante Tätigkeit. Was braucht ein junger Fachmann mehr?! Natürlich waren die meisten sofort einverstanden ... Der Umstand, daß ich in ein »Objekt« gekommen war, hat mich allerdings ziemlich lange deprimiert. Es ist nicht gerade angenehm, hinter Stacheldraht zu arbeiten. Nicht mal meine Eltern, die damals im Baltikum wohnten, konnten mich besuchen. Hinzu kam, daß auch ich nicht zu ihnen durfte, denn es war uns verboten, ins Baltikum zu fahren. Wir konnten uns nur »dazwischen« treffen, das war sehr schwer.

Und die Arbeit?

Ich kam in den Sektor für Außenversuche. Verblüffend war die Arbeitsatmosphäre. Obwohl ich noch ein junger Fachmann war, hatte ich bereits im ersten Jahr mehrmals mit Juli Chariton zu tun. Ich durfte zu Versuchen aufs Testgelände mitfahren, natürlich als Lernender. Aber schon ein paar Jahre später war ich Versuchsleiter. Das Leben hat uns nicht geschont. Mit fünfunddreißig war ich stellvertretender Chefkonstrukteur. Das hing damit zusammen, daß sich das Institut schnell entwickelte, größer wurde, der Arbeitsumfang zunahm, neue Richtungen entwickelt wurden ... Als dann Samwel Grigorjewitsch Kotscharjanz seinen Posten aufgab, wurde ich in diese Position berufen.

Hat man Ihnen damals sofort gesagt, wohin Sie da geschickt wurden und was Sie machen sollten?

Im Institut hatte man uns kein Wort von Waffen gesagt. Hier haben wir allerdings gleich mitbekommen, womit wir uns zu beschäftigen haben, obwohl, wie Sie verstehen werden, niemand direkt von »Atomwaffen« oder »Wasserstoffwaffen« gesprochen hat. Wir haben immer eigene Termini benutzt, z. B. »Produkt« für die Waffe oder »Sitzung«, für die Versuche.

Was haben Sie empfunden, als Sie das erste Mal an einer »Sitzung« teilnahmen?

Es liefen verschiedene Arten von Versuchen. Besonders wichtig waren die Tests der Gefechtsblöcke auf den Raketen. Mit einer solchen »Sitzung« hat meine erste Arbeit begonnen.

Ich denke, jetzt ist es kein Geheimnis mehr, was das für eine Arbeit war?

Es war die Maschine von Michail Jangel. Sie wurde vom Testgelände Kapustin Jar nach Kamtschatka gestartet. Danach bin ich schon in die »Zwei« gekommen, d. h. nach Semipalatinsk, wo Versuche mit nuklearen Sprengsätzen durchgeführt wurden. Übrigens kann ich mich immer noch nicht daran gewöhnen, »Kapustin Jar« oder »Semipalatinsk« zu sagen. Schließlich war uns nicht nur verboten, diese Ortsbezeichnungen zu erwähnen, wir waren sogar verpflichtet, sie absolut zu vergessen ...

Was hat Sie damals am meisten beeindruckt?

Ein Raketenstart ist etwas Erstaunliches. Besonders, wenn man sich in der Nähe aufhält. Dann spürt man die Stärke der Rakete sogar physisch.

Sie haben einige Zeit im Konstruktionsbüro »Süd« im ukrainischen Dnepropetrowsk gearbeitet. Hat die heutige politische Teilung Auswirkungen auf die Zusammenarbeit?

Meiner Ansicht nach hat die Sicherheit der Gemeinschaft Unabhängiger Staaten unter dem Zerfall der UdSSR in einzelne Länder sehr stark gelitten. Das Konstruktionsbüro »Süd« hat unheimlich viel Erfahrung in der Zusammenarbeit mit Rußland. Sie begann bereits unter Koroljow. In Dnepropetrowsk forscht ein sehr starkes erfolgreiches Kollektiv. Wenn man vom »Raketen- und Atomschild«, von den strategischen Kernwaffen spricht, so sind das im Grunde genommen »Dnepr« und wir.

Die Ukraine hat bekanntlich beschlossen, »Jushmasch« umzuprofilieren. Kam dieser Beschluß für Sie unerwartet?*

Natürlich! Zunächst glaubten wir allerdings, daß wir ungeachtet der politischen Entscheidungen weiterhin gemeinsam die strategischen Waffen bauen werden. Schließlich hat die Ukraine ein ebensolches Sicherheitsinteresse wie Rußland ... Im Prinzip könnte man natürlich die Kooperation, die früher innerhalb der UdSSR bestand, auch von Rußland aus wiederherstellen, aber dafür benötigt man viele Jahre und große finanzielle Mittel.

* Maschinenbauwerk, in dem Raketen hergestellt wurden – d. Ü.

Erklären Sie bitte, was eine moderne strategische Waffe ist.

Das ist ein ziemlich umfassender Begriff. Es gibt schließlich luft- und seegestützte strategische Waffen. Allgemein würde ich so antworten: Das ist die Möglichkeit, jedes beliebige Objekt in ziemlich großer Entfernung zu treffen. Ich meine eine Entfernung von zehn-bis zwölftausend Kilometern. Gleichzeitig kann sie auch auf relativ kurzer Distanz eingesetzt werden, d. h., wir haben es mit einer ziemlich universalen Waffe zu tun, einer starken und genauen Waffe. Das ist ein System, zu dem eine Rakete mit ihrer Gefechtsausrüstung gehört, deren Zustand von einer ausgesprochen komplizierten Apparatur überwacht wird, die Kommandopunkte und die Steuerung, die Systeme der Fernlokalisierung, d. h. ein riesiger Komplex ... Außerdem wird eine ungewöhnliche Resistenz einer solchen Waffe gegen gegnerische Einwirkung verlangt.

Was bedeutet für Sie die Sicherheit der Kernwaffen?

Sie steht jetzt im Vordergrund und verlangt von uns heute wohl mehr Aufmerksamkeit als die Effektivität. Früher war es vor allem unsere Aufgabe, in der Effektivität nicht hinter den Amerikanern zurückzubleiben. Heute begreifen wir, welche Gefahr in diesen gewaltigen Geräten steckt. Deshalb muß jede Situation einkalkuliert werden, damit es nicht zu einer Katastrophe kommt. Das lehrt uns auch die Erfahrung der Amerikaner, die viele schwerwiegende Unfälle mit Kernwaffen hatten. Leider kostet Sicherheit viel Geld, aber einen anderen Weg gibt es nicht. Die Sicherheit der Kernwaffen zu erhöhen ist nicht weniger kompliziert, als sie herzustellen, zumindest erfordert es keinen geringeren intellektuellen und materiellen Aufwand. Um einen neuen nuklearen Sprengsatz zu bauen, muß man ihn nicht nur konstruieren, sondern auch testen, wozu auch eine Serie unterirdischer Kernexplosionen durchgeführt werden muß. Aber unter den heutigen Bedingungen ist das praktisch unmöglich. Ich will ein einfaches Beispiel anführen. Früher ist uns nicht eingefallen, daß jemand einen Waffentransport überfallen könnte, daß Diversionsakte möglich seien, daß es an Disziplin und Ordnung mangeln könnte. Jetzt ist das eine reale Gefahr. Bei unseren Neuentwicklungen beachten wir diese Besonderheiten natürlich, aber die alten Waffen sind noch vorhanden. Zum Glück ist die Sicherheit bislang gewährleistet. Nur was wird in ein paar Jahren sein?! Wir müssen darüber nachdenken und ganz konkrete Schritte unternehmen, damit die Sicherheitsschwelle nicht niedriger wird. Das ist aber sehr schwierig, weil die Stimmungen gegen die Atomkraft angeheizt werden.

Sie sagten, die Amerikaner haben viele Unfälle gehabt. Warum gab es bei uns keine? Oder ist darüber einfach nichts bekannt?

Ich würde nicht sagen, daß wir überhaupt keine hatten. Natürlich hatten wir welche, aber ohne radioaktive Folgen. Den Grund sehe ich darin, daß die Waffen bei uns mit höherer Verantwortung gehandhabt wurden. Juli Chariton hat der Sicherheit von Anfang an große Aufmerksamkeit beigemessen und immer wieder daran erinnert. Ihm ist es zu verdanken, daß die Anforderungen ständig gewachsen sind.

Kehren wir zur Vergangenheit zurück. Als Sie das

erste Mal eine Kernexplosion sahen, was für einen Eindruck hatten Sie?

Zu dieser Zeit wurden Explosionen in der Atmosphäre durchgeführt. Es ergab sich so, daß wir die »Produkte« weit weg vom Versuchsort vorbereiteten, und im Grunde genommen haben wir die Explosion selbst dann gar nicht gesehen. Einmal nur haben wir etwas sehen können, bei einem Nachttest. Vor dem schwarzen Hintergrund war der grelle Blitz deutlich erkennbar. Bei der zweiten Serie waren wir schon dichter dran. Ehrlich gesagt, mir fällt es schwer, das zu beschreiben. Wenn man den Blitz sieht, und dann steigt in völliger Stille dieser Pilz hoch und wird immer größer ... Der Schall kommt erst später an.

Ich war 1956 nahe dem Altai-Gebirge, nördlich von Barnaul. Eines Nachts habe ich ein gigantisches Polarlicht gesehen. Es hat mich sogar gewundert, wie das in diesen Breitengraden möglich sein kann! Das war natürlich ein märchenhafter Anblick. Erst viel später erfuhr ich, daß ich Zeuge eines nächtlichen Kernwaffentests gewesen war ... Übrigens hat mich dieses Bild durch seine Ungewöhnlichkeit nicht nur verblüfft, es hat mir auch angst gemacht. Ist Ihnen das auch so gegangen?

Ja, aber ich möchte nicht gern darüber sprechen. Sie müssen bedenken, wir waren jung, und obwohl wir Tag und Nacht arbeiten mußten, unter unglaublich schweren Bedingungen, haben wir uns dennoch Scherze und Späße nicht nehmen lassen. Wir haben nicht groß darüber nachgedacht, was wir da eigentlich bauen, d. h. eine so bedrohliche Waffe. Für uns war es einfach eine wichtige, komplizierte Arbeit, die uns anvertraut worden war. Und diese Verantwortung haben wir empfunden. Vor allem die strikte Einhaltung der Technologie, der Vorgaben. Es gab da einmal z. B. folgende Geschichte: Samwel Kotscharjanz und ich hatten eine Idee, wie wir die Arbeit beschleunigen könnten. Eigentlich eine Kleinigkeit, aber dafür war eine geringfügige Abweichung von den Instruktionen notwendig. »Wollen wir es machen?« fragte ich. Kotscharjanz antwortete: »Nein, die Stadt ist zu nah ...« Das heißt, wir haben nicht an uns gedacht, sondern in erster Linie an die Menschen, die hier wohnten und nichts von unserer Tätigkeit ahnten. Für uns gab es keine unwichtigen Kleinigkeiten, dieses Prinzip hat Chariton immer gepredigt und praktiziert.

Sie haben an der Herstellung der modernsten Kernwaffen mitgewirkt. Wie können Sie es dann zulassen, daß heute die besten davon vernichtet werden?

Unsere Sache ist es, sie zu bauen. Im übrigen ist der Abrüstungsprozeß natürlich notwendig. Allerdings ist es bedauerlich, daß die Hersteller der strategischen Waffen daran praktisch nicht beteiligt sind. Das führt dazu, daß die besten Muster vernichtet werden, veraltete Typen jedoch weiterhin zum Rüstungspotential gehören, obwohl deren Effektivität und Sicherheit weitaus geringer sind. Ich bin überzeugt, daß die Teilnahme von Fachleuten an solchen Verhandlungen nur von Nutzen wäre.

Wie bewerten Sie die heutige Situation?

Als alarmierend. Mit Kernwaffen darf man keine Scherze treiben. Jede Entscheidung muß gut überlegt sein. Unser Institut darf beispielsweise nicht mechanisch reduziert werden. Einerseits erfordert der Bau der Waffen natürlich Erfahrung, andererseits brauchen wir junge Kräfte, die etwas wollen, die Phantasie haben. Ständig treten neue Probleme auf, die sich nicht auf einen Schlag lösen lassen, trotzdem wird es immer wieder versucht, ob von den hiesigen kommunalen Behörden oder von »ganz oben«.

Es ist doch paradox: Wir reden ständig davon, daß Rußland Weltniveau erreichen muß, und wo es vorhanden ist, schätzen wir es nicht!

Vom intellektuellen Potential her und von der Ausrüstung der Laboratorien steht unser Zentrum hinter keinem amerikanischen zurück. Das bestätigen auch unsere Kollegen jenseits des Ozeans, und sie waren hier. Mehr noch, in einigen Richtungen liegen wir vorn, und sie werden Zeit brauchen, um uns einzuholen. Aber wenn wir keine Unterstützung vom Staat bekommen, und heute ist sie eindeutig unzureichend, dann werden wir schnell zurückbleiben.

Nach dem Ton unseres Gesprächs zu urteilen, sind Sie pessimistisch. Haben Sie vielleicht schon angefangen, in Ihrem Garten Kartoffeln anzubauen? Aus dem Zugfenster kann man sehr gut sehen, wie die wissenschaftlichen Mitarbeiter des Föderativen Kernforschungszentrums Rußlands jedes Eckchen Land nutzen, das an der Eisenbahnstrecke liegt. Ein ziemlich ulkiges Bild: Vor dem Gärtchen steht ein neues Auto, und sein Besitzer buddelt fleißig Kartoffeln. Das ist für die Herbstlandschaft von Arsamas-16 schon typisch.

Ich habe meinen Sohn gebeten, so viel Kartoffeln zu pflanzen, wie wir für den ganzen Winter brauchen.

Ist es das erste Mal, daß Sie sich darum kümmern?

Früher wurde auch Nutzland verteilt, jeder konnte

ein Grundstück erwerben. Aber 1992 haben sich buchstäblich alle mit Landwirtschaft abgegeben! Nur so läßt es sich in diesen schwierigen Zeiten überleben. Niemand kann mehr sicher sein, daß er morgen ein Gehalt bekommt, das dann für das normale Leben ausreicht.

Ihr Sohn ist in die Fußstapfen des Vaters getreten?

Ja. Er ist hier groß geworden, hat in Leningrad studiert und dort am Institut sein Examen gemacht. Jetzt arbeitet er in meiner Nähe. Ich will nicht verheimlichen, daß mich das freut.

In Arsamas-16 zu leben soll sehr gesundheitsschädigend sein, sehr gefährlich. Haben Sie keine Angst um Ihre Enkelkinder?

Nein, denn hier ist alles normal. Das sage ich als Fachmann.

Kommen wir auf die Kernwaffen zurück. Was muß heute Ihrer Ansicht nach auf der Erde und insbesondere in Rußland getan werden?

Was unser Land anbelangt, so haben wir meiner Ansicht nach zu viele Waffentypen. Sie müssen zweifellos eingeschränkt werden, aber wir brauchen ein Programm zur Gewährleistung der Sicherheit Rußlands und seiner Verteidigungsfähigkeit, in dem auch der Platz der Kernwaffen definiert sein muß. Bedauerlicherweise ist ein solches Programm bislang nicht vorhanden, und deshalb entstehen unheimlich viele Schwierigkeiten und unklare Situationen. Es ist eindeutig, daß wir die Anzahl der Waffen reduzieren werden. Aber wo liegt die Grenze? Schließlich geht es um die Stabilität auf dem Planeten, um bestimmte Zuverlässigkeitsgarantien.

Soweit mir bekannt ist, haben die Amerikaner einen Expertenrat, der Kernwaffenfragen diskutiert. Gibt es bei uns etwas Ähnliches, und werden Sie hinzugezogen?

Wir haben Präsident Jelzin gesagt, daß er einen Berater für solche Fragen braucht, der natürlich unter den Profis gesucht werden muß. Im Prinzip war er mit uns einverstanden, aber bis heute gibt es keinen entsprechenden Beschluß.

Sie haben Ihr ganzes Leben hier verbracht. Bereuen Sie es nicht?

Nein.

Warum nicht?

Ich war immer der Auffassung, daß das Land die Garantie haben muß, von niemandem angegriffen werden zu können. Dafür habe ich gearbeitet, und das mit großem Interesse. Ich war immer gern mit meinen Kollegen zusammen, mit meinen Mitstreitern und Freunden. Ich empfinde moralische, menschliche und wissenschaftliche Genugtuung. Was kann man noch vom Leben verlangen?

Dr. habil. Ljudmila Fomitschewa

Ljudmila Valentinowna, in dieser Geheimstadt sind Sie die einzige habilitierte Wissenschaftlerin …

Nein, bei den Mathematikern gibt es noch eine Kollegin.

Das ist aber eine weniger gefährliche Tätigkeit?

Im Sprengstoffbereich bin ich tatsächlich die einzige. Nicht nur in unserem Kernforschungszentrum, sondern im gesamten Zweig.

Wie hat es Sie hierher verschlagen, an einen so gefährlichen Arbeitsplatz?

Mein Fachgebiet ist die physikalische Chemie. Ich habe an der Universität Woronesh studiert. Hierher bin ich meinem Mann gefolgt. Er gehörte zu den Studenten, die an der Moskauer Universität speziell für bestimmte Arbeitsplätze im »Objekt« vorbereitet wurden. Sein Betreuer war der bekannte Thermochemiker Popow. Er war es auch, der ihn hierher in die 106. Abteilung brachte. Die erste Zeit war für mich sehr kompliziert. Wir hatten gerade geheiratet, konnten uns aber ein Jahr lang nicht sehen, da man hier keinen raus- und reinließ. Mitte der 50er Jahre kam ich dennoch ins »Objekt«. Mein erster Eindruck war grauenhaft. Der Zug kam nachts an, es war dunkel, Scheinwerfer strahlten, Soldaten mit Hunden standen herum, die Hunde bellten. Als sich meine Augen ein bißchen an die Dunkelheit gewöhnt hatten, sah ich rundherum nur Stacheldraht. Wohin hatte man mich gebracht?! Aber dieses Angstgefühl ging schnell vorbei, denn ich kam in eine sehr harmonische Gemeinschaft, viele kannte ich noch von der Universität. Ich muß zugeben, daß ich sehr gern, ja sogar mit Freude an jene Jahre zurückdenke. Wir waren alle jung. In der Stadt gab es überhaupt keine alten Menschen! Manchmal sind wir nach der Arbeit alle tanzen gegangen ... Als meine Tochter sechzehn wurde, hielt sie sich für zu alt, um in den Park zu gehen. Wir waren anders – wir haben uns am Leben gefreut, an unserer Jugend ...

Und die Arbeit?

Ich kam in die Kaderabteilung. Sie fragten mich: »Gehst du ins Werk Nr. 2?« Ich hatte natürlich keine Ahnung, wo dieses Werk liegt und was ich dort tun sollte, erklärte mich aber einverstanden. Im Werk empfing mich der Direktor mit den Worten: »Warum läßt du den Kopf hängen?« Ich erklärte ihm, daß ich keine Ahnung von der Arbeit hier hätte. Er schickte mich ins Zentrallaboratorium. Zu dieser Zeit arbeiteten sie dort an der Einführung eines neuen Sprengstoffes für das »Produkt«. Alles geschah sehr hektisch, unter großem Zeitdruck. Mir übertrug man sofort die Ausarbeitung einer Methode zur Analyse des neuen Erzeugnisses. Ich hatte offenbar eine Neigung zur wissenschaftlichen Arbeit, deshalb fuchste ich mich schnell ein. Die Kollegen brachten mir sofort volles Vertrauen entgegen, ich konnte gar nicht anders, als es zu rechtfertigen. Ich saß oft bis nach Mitternacht im Labor, denn wenn bei uns ein Prozeß angelaufen ist, dann kann er nicht angehalten werden, sondern muß bis zum Ende beobachtet werden. Meine erste Arbeit fand sofort Anwendung. Später stellte sich heraus, daß ich mit einem ganzen wissenschaftlichen Forschungsinstitut in Moskau konkurriert hatte. Ihre Methode erwies sich als ungenau, meine gewann in diesem stillen Konkurrenzkampf, von dem ich im übrigen keinen Schimmer hatte. Ich erfuhr erst danach, daß unsere Leitung aufmerksam verfolgt hatte, wie sich die Ereignisse entwickeln würden.

Wie alt waren Sie damals?

Dreiundzwanzig. Ich möchte ein Beispiel anbringen, um Ihnen die Atmosphäre von damals zu schildern. Ich war also eine junge Spezialistin, saß an einem bestimmten Projekt. Eines Tages wurde ich zum Direktor gerufen und dort von Juli Chariton und Jewgeni Negin ausgefragt. Sie wollten wissen, was ich genau mache, wie ich die Untersuchungen durchführe. Ich sprach sehr schnell, die Ergebnisse kamen wie aus der Pistole geschossen. Schließlich war mir alles klar, meine Arbeit war ja sehr konkret. Völlig natürlich, daß sie nur die Hälfte verstehen konnten. Juli Chariton als guterzogener Mann sagte: »Ljudmila Valentinowna, das ist alles sehr interessant, aber könnten Sie nicht noch mal von vorne beginnen?« Ich wunderte mich, eigentlich war doch alles eindeutig, also wiederholte ich meine Ausführungen in dem gleichen Affentempo. Da sagte Negin: »Juli Borissowitsch, ich habe alles kapiert, ich erzähle es Ihnen nachher.« Ich will mit dieser Episode nur verdeutlichen, wie normal es damals war, daß hochrangige Funktionäre, Repräsentanten der großen Wissenschaft unser Werk besuchten. Ich war z. B. mehrmals dabei, als Kurtschatow zu uns kam. Ich weiß noch, wie er sich die Dokumentationen ansah. Man zeigte ihm das Journal mit den Eintragungen – sauber und akkurat abgeschrieben. Er aber bat um die Kladde, mit allen Anmerkungen und Fehlern. Kurtschatow interessierte nicht das Resultat, sondern der Lösungsweg. Vielleicht ist das nur eine Winzigkeit, aber das habe ich mir gemerkt ... Ich hatte überhaupt in meiner Jugend unheimliches Glück, konnte mit sehr anständigen und klugen Leuten zusammenarbeiten. Man wurde für seine Arbeit geschätzt, für seine Arbeitshaltung, für Aufrichtigkeit, für das Gewissen, wenn man so will. All das bewirkte eine kreative Atmosphäre, was besonders wichtig für mich ist. Ich bin immer sehr direkt, nicht diplomatisch genug, kann keine Kanten glätten, und ich habe das auch nie getan. Deshalb hätte man mich in einer anderen Atmosphäre bestimmt schnell beiseite geschoben. In der Regel sind solche Menschen nicht sehr gefragt ...

Sind Sie in allem so kompromißlos?

Die Leute sagen, ich hätte einen »eisernen Charakter«, aber das stimmt nicht. Ich bin ein empfindlicher und sehr emotionaler Mensch, leicht zu verletzen. Ich gebe mir immer Mühe, andere zu verstehen, mich in ihre Lage zu versetzen. Trotzdem schraube ich meine Anforderungen nicht runter. Wir sind immer von uns selbst ausgegangen. Meine Tochter war z. B. ein unruhiges Kind, ich konnte anfangs keine Nacht durchschlafen. Es kam vor, daß ich im Bus im Stehen eingeschlafen bin. Urlaub gab es damals auch nur kurz, zweieinhalb Monate nach der Entbindung bin ich schon wieder arbeiten gegangen! Wir hatten keinerlei Hilfe, mußten allein zurechtkommen. Das ging nicht nur uns so, die ganze Stadt bestand aus jungen Leuten. Es war schwer, hat aber trotzdem Spaß gemacht.

Was ist das Werk Nr. 2 in Arsamas-16? Wußten Sie, womit Sie sich befassen?

Natürlich. Unsere Forschungsgruppe hatte zu allem Zugang, anders geht es nicht. Aus Sicherheitsgründen lief die ganze Produktion unter »feuchten Bedingungen« ab. Wir gingen in Gummistiefeln durch die Hallen, durch Pfützen. Jetzt sind überall Asphalt und Blümchen, damals sah es anders aus.

Sie haben vorhin davon erzählt, wie unheimlich Ihnen anfangs der Stacheldraht und die Hunde vorkamen. Ist dieses Gefühl geblieben?

Nein! Es machte uns nichts aus, hinter Stacheldraht zu arbeiten. Wenn man viel zu tun hat, wenn man für seine Arbeit brennt und ihren Sinn begreift, achtet man nicht auf die »besonderen Bedingungen«. Zumal wir später keine Einschränkungen mehr hatten und z. B. in Urlaub fahren konnten. Wirklich geärgert hat uns nur, daß wir unsere Verwandten nicht hierher einladen durften. Jetzt denke ich sogar, es wäre gar nicht gut, den Stacheldraht zu entfernen. Wir sind z. B. nicht gewöhnt, unsere Türen abzuschließen. Jedenfalls hat er uns nie gestört. Unser Pflicht- und Verantwortungsgefühl war sehr stark ausgeprägt, das überwog alles andere.

Sie arbeiten mit Sprengstoffen. Werden die tatsächlich so sehr gebraucht?

Sprengstoffe sind eine phantastische Energiequelle! Sie waren immer notwendig, und natürlich wächst das Bedürfnis danach, auch in unserem Bereich. Ohne konventionelle Sprengstoffe gibt es keine Kernsprengsätze. Dabei geht es um ganz verschiedene Sprengstoffe. Es gibt sehr viele Sorten, aber für Kernwaffen können nur spezielle verwendet werden. Sie müssen einer Vielzahl von Anforderungen entsprechen, z. B. stabil sein, noch dazu unter verschiedenen Klimabedingungen. Sie müssen über einen langen Zeitraum hinweg sicher sein, insbesondere während der gesamten vorgeschriebenen Nutzungsdauer. Ich kann mich an mehrere Dutzend Sprengstoffe erinnern, die wir umfassend geprüft und dann doch vernichtet haben, weil sie in einer einzigen Eigenschaft zu schlecht waren. In die Produktion sind immer nur solche Mischungen gegangen, die nach allen Parametern für einen Kernsprengsatz verwendbar sind. Jetzt sind die Anforderungen höher geworden. Wir reduzieren die Atomwaffen, folglich müssen unsere Kernsprengsätze länger halten. Wir beobachten den Prozeß der Sprengstoffherstellung in allen Phasen, angefangen bei den Ausgangskomponenten über die Technologie der

Mischung bis hin zur Verarbeitung. Was die Qualität unserer Sprengstoffe angeht, so kann ich ohne Übertreibung sagen, daß sie die besten der Welt waren. Wir verfolgen genau, was in anderen Ländern gemacht wird, lesen die entsprechende Fachliteratur.

Ich weiß, daß Mitarbeiter vom Institut für chemische Physik bei Ihnen waren, um Ihnen eigene Untersuchungen anzubieten. Nachdem sie Ihre Laboratorien gesehen hatten und mit einigen Untersuchungen vertraut gemacht worden waren, mußten sie ehrlich zugeben, daß ihr Institut zwar sehr berühmt ist, aber auf diesem Gebiet etwa zehn Jahre zurückliegt. Bin ich da richtig informiert?

Das stimmt, es waren einmal sehr gute und vernünftige Kollegen von diesem Institut hier, weil sie meinten, sie könnten etwas zu unserer Thematik beisteuern. Auch die Akademieinstitute sind auf Wirtschaftsverträge angewiesen, denn sie brauchen Geld. Sie haben sofort zugeben müssen, daß wir weiter sind. Letztlich spielt es eben keine Rolle, wie groß ein Kollektiv ist, ausschlaggebend sind die Schule und das Forschungsniveau. Hinzu kommt, daß bei uns vieles von den praktischen Bedürfnissen bestimmt wird. Wenn wir auf eine Erscheinung stoßen und dabei irgend etwas nicht verstehen, müssen wir es unbedingt herausfinden, sonst können wir nicht weiter. In einem Akademieinstitut ist das anders, da läßt sich eine Theorie auch später korrigieren und revidieren. Aber wir haben kein Recht zu warten ... Wenn ich mir manchmal meine alten Arbeiten ansehe, wundere ich mich über das niedrige Niveau, dabei ist gar nicht so viel Zeit vergangen ... Unser Kollektiv ist zwar klein, vereint aber sehr viele Arbeitsrichtungen. Diese Zusammenarbeit von Fachleuten unterschiedlichen Profils macht das Besondere aus. Entscheidend ist auch, daß alle Mitarbeiter über sämtliche Informationen verfügen. Große Aufmerksamkeit widmen wir der Technologie. Aus einem Sprengstoff kann man ein sehr gutes Detail machen, man kann ihn aber auch völlig verderben. Schon eine winzige Abweichung, ein Flüchtigkeitsfehler ergibt einen anderen technologischen Prozeß. Daher gibt es in unserer Arbeit keine unwesentlichen Kleinigkeiten! Das komplexe Herangehen an die Sprengstoffe, das wir praktizieren, erlaubt uns, ein bestimmtes Niveau zu halten.

Warum sind in Ihrem Bereich so viele Frauen beschäftigt?

Das haben Sie richtig beobachtet. Unsere Abteilung beschäftigt wahrscheinlich die meisten Frauen des Instituts. Das ist kein Zufall. Die Arbeit mit Sprengstoffen erfordert äußerste Genauigkeit und Konzentration. Frauen haben auch ein ausgeprägteres Gefühl für Angst, was sehr wichtig ist. Zu den unmittelbaren Sprengarbeiten werden Frauen allerdings nicht mehr zugelassen, seitdem Ende der fünfziger Jahre eine Frau durch eigene Unvorsichtigkeit ums Leben gekommen ist.

Hat es viele Unglücksfälle gegeben?

Da muß ich erst mal auf Holz klopfen! Glücklicherweise gab es in unserer Abteilung bisher keine ... Explosionen schon, das will ich nicht verheimlichen. Besonders 1984 hatten wir eine solche Unglückssträhne, eine Havarie nach der anderen. Ständig waren Untersuchungskommissionen hier, kaum war die eine weg, kam die nächste ... Dabei bin ich der Meinung, daß es in einer wissenschaftlichen Forschungsabteilung auch »unplanmäßige Explosionen« geben muß! Diese Fälle bringen uns sogar voran, denn sonst wird alles zur Gewohnheit. Jede Extremsituation »rüttelt das Kollektiv durch«, ruft die Gefahren der Sprengstoffe wieder in Erinnerung. Jedenfalls haben uns diese Explosionen weitergebracht, so paradox das auch klingen mag ... Das einzige, was ich strikt von meinen Mitarbeitern verlange, ist die Einhaltung aller Sicherheitsvorschriften, die über viele Jahre hinweg aufgestellt wurden. Wenn eine Kabine in die Luft fliegt, ist das halb so schlimm, dann bauen wir eben eine neue. Aber wenn einem Mitarbeiter auch nur ein Haar gekrümmt wird, gibt es dafür keine Entschuldigung ... Wer würde das vor seinen Kindern rechtfertigen wollen?

Hatten Sie es schwer, sich als Frau hier durchzusetzen?

Es hat sich so ergeben, daß ich Chefin geworden bin, obwohl ich das nie wollte. Ich hatte meine eigene Abteilung, wozu brauchte ich noch eine Hauptabteilung? Dazu noch als Frau? Ich war auch noch sehr jung. Andere träumten von diesem Posten, aber es wurde eben so angeordnet. Der Anfang war schwer, weil die Männer eine rein psychologische Barriere überwinden mußten, daß sie nun von einer Frau kommandiert werden sollten. Ich konnte sie gut verstehen, deshalb habe ich einen Monat lang nichts unternommen. Dann habe ich alle Abteilungsleiter zusammengerufen und gesagt: Soundso, da ich nun einmal mit der Leitung beauftragt wurde, bitte ich darum, alle

Emotionen beiseite zu lassen. Ab morgen werde ich niemandem mehr die Tränen abwischen, die Arbeit muß schließlich weitergehen. Es stellten sich bald normale Arbeitsbeziehungen her, später wurden sie dann kameradschaftlich. Wir sind Gleichgesinnte, und das ist die Hauptsache.

Im Rat sitzen alle Hauptabteilungsleiter. Ist es für Sie als einzige Frau schwer, sich zu behaupten?

Ich habe einen schlechten Charakter. Wenn ich dort sitze und irgend etwas gefällt mir nicht, dann hämmere ich mir ein: »Halt den Mund!« Am liebsten würde ich mir manchmal ein Pflaster drüberkleben. In der Regel halte ich es nur eine bestimmte Zeit aus, dann springe ich doch auf und kann mich nicht mehr bremsen, teile nach rechts und links Schläge aus ... Das ist natürlich nicht gut, man sollte sich immer Mühe geben, ruhig zu bleiben. Aber ich kann eben Demagogie nicht ausstehen! Und hier gibt es genug davon, besonders in letzter Zeit treibt sie richtig Blüten, auch in unserem Rat. Zum Glück werde ich als Kollegin akzeptiert und verstanden.

Haben Sie eine Datsche?

Ich habe nichts dergleichen – keinen Wagen, keine Garage, keinen Keller, kein Grundstück, keine Datsche. Allerdings hätte ich das alles haben können. Ich habe übrigens nicht einmal eine vernünftige Wohnung – ich wohne in einem Neubaublock aus der Chruschtschow-Zeit. Wenn ich mir eine Sache vornehme, muß ich das gründlich tun. Anders kann ich nicht, d. h., wenn ich einen Garten hätte, müßte ich mich »professionell« damit befassen. Dafür reicht meine Zeit nicht. Deshalb habe ich nur meine Arbeit und meine Familie.

Wie ist die Haltung Ihrer Familie zu Ihrer Arbeit?

Voller Verständnis. Meine Tochter ist schon verheiratet, ich habe bereits einen Enkel. Mein Mann hatte in seiner Abteilung viel mit Strahlung zu tun, anfangs wußten sie wenig darüber. Jetzt sind sie alle nicht sehr gesund. Leider erhalten sie keinerlei Unterstützungen, obwohl sie nicht weniger verstrahlt wurden, als die Leute von Tschernobyl. Jedenfalls haben es mein Mann und seine Kollegen jetzt sehr schwer ... Meine Tochter und mein Schwiegersohn sind physikalische Chemiker, so daß unsere ganze Familie mit Arsamas-16 verbunden ist.

Bekanntlich ist die Stimmung gegenüber den Atomwissenschaftlern und auch gegenüber den »Geheimstädten« zur Zeit außerordentlich negativ. Spüren Sie das hier?

Natürlich. Wir lesen alles, was über uns geschrieben wird. Eine Überschrift hieß z. B.: »Hysterie hinterm Stacheldraht«. Der Tenor des Artikels war ungefähr so – früher haben die Atomwissenschaftler ihren Wissensdrang auf Staatskosten befriedigt, und jetzt, wo man ihnen die Finanzmittel weggenommen hat, sind sie hysterisch geworden. Das ist alles unglaublich dumm! Nicht wir hatten die Atombombe zuerst, sondern die Amerikaner. Es wäre doch Wahnsinn gewesen, damals ohne Kernwaffen zu bleiben. Meiner Ansicht nach ging es um Sein oder Nichtsein unseres Staates. Wir haben dann bewiesen, daß wir solche Waffen in kurzer Zeit herstellen können, und nicht schlechter als die Amerikaner. Die Geschichte läßt sich nicht korrigieren. Und jetzt? Ein Staat muß sich verteidigen können. Ich denke, das ist heute ohne

Kernwaffen unmöglich. Eine andere Frage ist die Menge, darüber müssen die Politiker verhandeln. Nein, wir sind keine »Falken«, wie uns manche gern bezeichnen. Wir sind für Abrüstung, aber für eine vernünftige. Manche Leute sagen, wir hätten das Volk »arm gemacht«, sogar Gorbatschow hat sich mal in diesem Sinne geäußert. Auch das ist dumm! Wir haben nie hohe Gehälter bekommen, nie in Milch und Honig gelebt. Wenn ich an der Universität geblieben wäre, hätte ich erstens mehr Geld verdient und zweitens nur vier Stunden am Tag arbeiten müssen – so ist nämlich dort die Norm. Hier mußten wir zeitweise Tag und Nacht arbeiten, ich gehe auch heute nie vor acht nach Hause. Übrigens hat sich die Verteidigungsindustrie nicht nur selbst finanziert, sondern auch sehr viel für die Wirtschaft getan. Fernseher, Gold und Diamanten – das kommt doch alles aus der Verteidigungsindustrie! Man muß das einfach nüchtern und realistisch betrachten. Politik darf nicht auf kleinbürgerlichen Vorstellungen basieren, sonst führt sie in eine Sackgasse. Im übrigen können wir das jetzt deutlich beobachten.

Sind Sie der Meinung, daß die Verteidigungsindustrie das Zugpferd der gesamten Industrie ist?

Genau so ist es. Ein einfaches Beispiel: Wir arbeiten ständig mit einer riesigen Menge von hochgefährlichen Sprengstoffen, und es gibt keine Unglücksfälle, oder zumindest sind sie ausgesprochen selten. Und in der Zivilindustrie? Mal fliegt ein Werk in die Luft, mal eine Betriebshalle, dann wieder ein Zug ... Fast täglich gibt es Meldungen über Explosionen – der reinste Alptraum! Und warum? Wir haben ein überaus hohes professionelles Niveau, arbeiten mit Verantwortung und Disziplin. Unsere Hauptaufgabe ist jetzt die Sicherheit der Kernwaffen. Wir tun viel dafür, ob bei den Konstruktionen, den Sprengstoffen oder der Steuerung. Das ist um so nötiger, da die Disziplin überall stark gesunken ist, sogar in der Armee. Früher konnten wir sicher sein, daß sich ein Auto nicht überschlägt, ein Kran nicht abbricht, der Fahrer nüchtern ist. Jetzt sind wir gezwungen, die schlimmsten Varianten einzukalkulieren, eben auch einen betrunkenen Fahrer! Ich könnte viele Beispiele nennen. Einmal ist jemand durch einen bestimmten Zünder ums Leben gekommen. Wir haben auf der Stelle neue, sichere entwickelt und die alten verboten. Aber im »großen Land« werden diese Zünder immer noch benutzt, und dabei sterben Menschen. Die neuen Zünder wollen sie aber nicht nehmen, die sind ihnen zu umständlich. Oder die Elektrozünder. Sie wurden überall verwendet, und immer wieder kam es zu unerwarteten Explosionen. Wir bekamen den Auftrag, absolut zuverlässige Elektrozünder herzustellen, was uns auch gelungen ist. Man kann sie einfach in eine Steckdose stekken, ohne daß sie explodieren. Verwendet werden sie aber nur in unserem Industriezweig, und zwar deshalb, weil sie teurer sind. Also ist ein Menschenleben billiger als Papierscheine!

Befürchten Sie ein allgemeines Absinken des Verantwortungsgefühls?

Unsere Zeit ist sehr kompliziert ... Es wird viel von Abrüstung gesprochen. Für uns heißt das Demontage der nuklearen Sprengsätze. Denken Sie, das ist ein einfaches Problem? Ganz und gar nicht. Mich beschäftigt sehr, wie diese Demontage vor sich gehen soll, denn von den Leuten, die sie montiert haben, sind nur noch sehr wenige da. Man braucht aber Fachleute, die das »Know how« und die ganze Technologie bis ins Detail beherrschen. Wenn jemand wenig weiß, hat er auch keine Angst. Und davor graut mir. Jedenfalls wird unser Leben durch die Abrüstung nicht leichter ... Unser Beruf wird heute sehr gebraucht, sonst kann einfach alles in die Luft fliegen. Und da erlauben sich manche Leute zu sagen, wir würden fremdes Brot essen!

Denken Sie manchmal an einen neuen Weltkrieg?

Ehrlich gesagt ist mir nie in den Kopf gekommen, daß unsere Waffen auch eingesetzt werden könnten. Wir haben rausbekommen, was in Amerika gemacht wurde, und haben mit unseren eigenen Entwicklungen entsprechend reagiert. Nur dadurch konnte es im Prinzip zu keinem Krieg kommen, denn er hätte gegenseitige Vernichtung bedeutet.

Sind Sie mit Ihrem Leben zufrieden?

Leider läuft die Zeit nur in eine Richtung, man kann sie nicht zurückdrehen. Deshalb muß jeder von uns ehrlich in die Vergangenheit blicken und sie nüchtern bewerten. Ich kann ehrlich sagen – ich bin zufrieden! Allerdings habe ich nicht erwartet, daß ich mich am Ende meines Berufslebens für irgend etwas rechtfertigen muß. Aber ich bin sicher, daß der gesunde Menschenverstand siegen wird. Auch darin bleibe ich Optimistin.

Offener Brief des Bundes der Kernwaffenhersteller an den Präsidenten, die Regierung und den Obersten Sowjet der Russischen Föderation

Sehr geehrter Herr Präsident, sehr geehrte Mitglieder der Regierung und des Obersten Sowjets der Russischen Föderation!

Unser offener Appell will Ihre Aufmerksamkeit auf jene sozial und ökonomisch äußerst kritische Situation lenken, die in allen Föderalen Kernforschungszentren Rußlands entstanden ist und unvermeidlich zu einer Senkung des wissenschaftlich-technischen Potentials führen muß, durch das sowohl die Sicherheit und Zuverlässigkeit unseres gesamten Kernwaffenkomplexes gewährleistet, als auch Parität und Stabilität in dieser unruhigen Zeit erhalten wird.

Obwohl wir den eingeleiteten Abrüstungsprozeß begrüßen, müssen wir darauf hinweisen, daß eine gefahrlose Vernichtung der Kernwaffen, die im Ergebnis internationaler Vereinbarungen reduziert werden müssen, eine hochkomplizierte wissenschaftlich-technische Aufgabe ist und einen großen materiellen und finanziellen Aufwand erfordert. Es müssen spezielle Vorrichtungen für die Zerlegung der Sprengköpfe und die langfristige Lagerung von Plutonium gebaut werden sowie spezielle Container und Ausrüstungen entwickelt und angefertigt werden. Für eine gefahrlose Vernichtung aller vorhandenen Kernwaffen sind Jahrzehnte erforderlich.

Die utopische Losung des ersten Präsidenten der UdSSR »ohne Kernwaffen ins XXI. Jahrhundert« hat sich als eine weitere politische Farce erwiesen. Derzeit streben einige Länder, die bisher nicht über Kernwaffen verfügen, ihren Besitz an, andererseits setzen sich Atommächte wie die USA, Großbritannien und Frankreich gar nicht das Ziel, ihre Kernwaffen vollständig zu vernichten. Dies rührt in erster Linie daher, daß Kernwaffen selbst in begrenzter Quantität ein wirksamer Schutz vor Aggressoren sind. Die Situation in der Welt ist so, daß Kernwaffen noch eine geraume Zeit existieren werden. Unter diesen Bedingungen spielen die Sicherheit und Zuverlässigkeit der vorhandenen Kernwaffen sowie ihre dafür notwendige Modernisierung eine erstrangige Rolle. Inwieweit eine solche Sicherheit der Kernwaffen tatsächlich erreicht werden kann, hängt wesentlich vom wissenschaftlich-technischen Potential der Föderativen Kernforschungszentren, aber auch von der Haltung der Führung des Landes zu diesem wichtigen Problem ab.

Solange es auf dem Territorium Rußlands auch nur einen einzigen atomaren Sprengkopf gibt, ist es unumgänglich, über sozial abgesicherte, qualifizierte Kader, leistungsstarke Rechenzentren, besondere physikalische Apparaturen und technologische Ausrüstungen sowie Testgelände zu verfügen.

Die schwierige wirtschaftliche Situation Rußlands darf nicht als Rechtfertigung benutzt werden, um die finanziellen Mittel für dringend erforderliche Arbeiten zur Gewährleistung der Sicherheit der Kernwaffen zu kürzen. Allein die Ausgaben, die nötig wären, um die Schäden nach einer Havarie mit nur einem einzigen atomaren Sprengkopf zu beseitigen, würden sich nach den Einschätzungen russischer und amerikanischer

Experten auf mehrere hundert Milliarden Rubel (über fünfhundert Millionen Dollar) belaufen. Angesichts der hohen Verantwortung, die wir für die Sicherheit der Kernwaffen tragen, müssen wir dringend auf folgendes hinweisen: Ohne eine entsprechende wissenschaftlich-technische Absicherung beim Umgang mit Kernwaffen, aber auch bei ihrer Demontage und Zerlegung, sowie ohne die Einführung neuer Sicherheitsmethoden, die der gestiegenen Unfallgefahr, der wachsenden Disziplinlosigkeit und der insgesamt verschärften sozialen und ökonomischen Situation im Lande Rechnung tragen, können atomare Zwischenfälle vom Ausmaß des Reaktorunglücks in Tschernobyl nicht hundertprozentig ausgeschlossen werden. Um derartigen Folgen vorzubeugen, haben die Föderativen Kernforschungszentren staatliche Programme ausgearbeitet, die der Regierung vorgelegt wurden.

In den letzten Jahren gibt es die Tendenz, das wissenschaftlich-technische Potential der Föderativen Kernforschungszentren zu liquidieren. Die wesentlichsten Gründe dafür sind in folgendem zu sehen:

1. Der ambivalenten Haltung der Regierung zur sozialen und wirtschaftlichen Lage der Zentren und zur Frage der Kernwaffensicherheit.
2. Dem spürbaren Verlust an Prestige und Arbeitsstimulanz bei unseren Fachleuten, was zu ihrer Abwanderung in andere Bereiche führt und den Zustrom junger Spezialisten stoppt.
3. Der sozialen und rechtlichen Unsicherheit durch Einschränkungen in der Privatisierung, der Bewegungsfreiheit, den Ausreisemöglichkeiten, dem Umgang mit intellektuellem Eigentum usw.

4. Dem spürbaren Absinken des Lebensstandards, den niedrigen Gehältern, der ungenügenden Finanzierung von Versuchen.
5. Dem negativen Druck seitens einiger Medien.

Die aufgezählten Gründe, potenziert durch systematisch verzögerte Gehaltszahlungen und die Befürchtung, daß sie in naher Zukunft ganz ausbleiben, haben die Mitarbeiter der Kernforschungszentren an den Rand des Bettlerdaseins geführt.

Wir haben uns bereits mehrfach an die zuständigen staatlichen Instanzen gewandt, um auf die Dringlichkeit von Veränderungen dieses Zustandes hinzuweisen, doch blieben diese Appelle ohne positive Resonanz.

Leider müssen wir konstatieren, daß die vielzitierte Besorgnis der Politiker und der zuständigen staatlichen Instanzen unseres Landes über die Nichtweiterverbreitung von Kernwaffentechnologien in schreiendem Widerspruch zu der sozialen und ökonomischen Situation steht, in welche die Fachleute der Kernforschungszentren in jüngster Zeit geraten sind. Gerade sie führt dazu, daß Fachkräfte die Zentren verlassen und ihre Kenntnisse über Kerntechnologien mit über die Grenzen Rußlands nehmen.

In dieser ausweglosen Situation, verstärkt durch einen unsensiblen Umgang des Staates mit jenen Bürgern, die ihr ganzes Leben seiner nationalen Sicherheit gewidmet haben, sehen sich die Schöpfer der Atomwaffen gegen ihren Willen und ihre Überzeugung immer weniger in der Lage, die Sicherheit und Zuverlässigkeit der Kernwaffen zu gewährleisten, und werden gezwungen sein, ihre Tätigkeit aufzugeben. Es ist dringend erforderlich, auf höchster Machtebene einschneidende Maßnahmen zu beschließen, die diese kritische Situation korrigieren können.

Rat des Bundes der Kernwaffenhersteller
Arsamas-16 am 10. Juni 1993
Erster Stellvertreter des Vorsitzenden des Rates
des Bundes der Kernwaffenhersteller
W. J. Moskalenko

Personenverzeichnis

Alexandrow, Anatoli Petrowitsch (geb. 1903), Kernphysiker, arbeitete nach Kriegsbeginn zusammen mit Kurtschatow Methoden zum Schutz von Schiffen gegen magnetische Minen aus. Im Uranprojekt beschäftigte er sich zunächst mit der Isotopentrennung durch Thermodiffusion, einem zur Methode von Kikoin in Konkurrenz stehenden Verfahren. Später u. a. Entwicklung von Kernreaktoren. Wurde 1960 Direktor des Moskauer Kurtschatow-Instituts und 1975 Präsident der Sowjetischen Akademie der Wissenschaften.

Alichanow, Abram Isaakowitsch (1904–1970), Kernphysiker, baute von 1945 bis 1949 den ersten sowjetischen Reaktor mit schwerem Wasser als Moderator. Wesentliche Arbeiten zur Kern- und Elementarteilchenphysik, zur Physik kosmischer Strahlen sowie zur Technologie von Kernreaktoren und Teilchenbeschleunigern. Von 1945 bis 1968 Direktor des Moskauer Instituts für Theoretische und Experimentelle Physik.

Altschuler, Lew Isaakowitsch (geb. 1919), Physiker, Leiter einer der Experimentabteilungen in Arsamas-16. Entwicklung von Atomsprenganlagen und Arbeit auf dem Gebiet der Physik hoher Drücke.

Arzimowitsch, Lew Andrejewitsch (1909–1973), Physiker, entwickelte ab 1945 die zur Diffusionsmethode von Kikoin in Konkurrenz stehende Methode der elektromagnetischen

Isotopentrennung. Weitere wesentliche Arbeiten auf den Gebieten der Elektronenoptik und der Plasmaphysik für die Kernfusion.

Berija, Lawrenti Pawlowitsch (1899–1953), Partei- und Staatsfunktionär, von 1938 bis 1953 Vorsitzender des Volkskommissariats des Inneren (NKWD), des Vorläufers des KGB. Ihm unterstand das Uranprojekt.

Botschwar, Andrej Anatoljewitsch (1902–1984), Metallurge, leitete im Moskauer »Institut Nr. 9« zusammen mit V. G. Chlopin die Arbeiten zur Plutoniummetallurgie. Das Institut trägt heute Botschwars Namen.

Burnasjan, Awkenti Ignatjewitsch, Generalleutnant, zur Zeit der ersten sowjetischen Atombombenexplosion stellvertretender Minister für Gesundheitswesen der UdSSR. Leitete u. a. die Strahlenschutzuntersuchungen bei dem beschriebenen Test.

Chlopin, Vitali Grigorjewitsch (1890–1950), Radiochemiker, gewann 1921 als erster in der UdSSR Radium. Ab 1939 Direktor des Radiuminstituts in Leningrad. Wurde 1940 Vorsitzender der »Uran-Kommission« der sowjetischen Akademie. Leitete ab 1947 die Arbeiten zur Abtrennung von im Reaktor erzeugtem Plutonium. Drei Jahre später starb er an den Strahlenbelastungen, denen er dabei ausgesetzt war.

Duchow, Nikolaj Leonidowitsch (1904–1964), bekannter Panzerkonstrukteur, Chefkonstrukteur der ersten sowjetischen Atombombe und Stellvertreter Charitons.

Frank-Kamenizki, David Albertowitsch (1910–1970), theoretischer Physiker, arbeitete von 1935 bis 1956 am Leningrader Institut für Chemische Physik, danach am Moskauer Kurtschatow-Institut. Bei der Entwicklung der Atombombe leistete er wesentliche Beiträge zur Physik der Verbrennungs- und Explosionsprozesse.

Frenkel, Jakow Iljitsch (1894–1952), theoretischer Physiker, von 1921 bis zu seinem Tod am Leningrader Physikalisch-Technischen Institut tätig. Arbeiten auf dem Gebiet des Ferromagnetismus, der Quanten- und Kerntheorie. Entwickelte Modelle zur Beschreibung der Kernspaltung.

Fuchs, Klaus (1911–1988), deutscher Physiker, emigrierte 1933 und arbeitete zunächst in England, ab 1943 am Manhattan-Projekt in Los Alamos und ab 1946 wieder in England. Fuchs lieferte eine Vielzahl von Informationen über das amerikanische Uranprojekt an die UdSSR, insbesondere die detaillierten Pläne der Plutoniumbombe. 1950 wurde er in England verhaftet und verurteilt, nach seiner Entlassung ging er in die DDR und war dort von 1959 bis 1978 stellvertretender Direktor des Kernforschungszentrums in Rossendorf.

Gumiljow, Nikolaj Stepanowitsch (1886–1921), russ. Dichter, Theoretiker des Akmeismus, von 1910 bis 1918 mit Anna Achmatowa verheiratet. 1921 wegen »konterrevolutionärer Tätigkeit« erschossen, weshalb seine Lyrik in der UdSSR nicht verlegt wurde.

Joffe, Abram Fjodorowitsch (1880–1960), Physiker, Gründer und Leiter des Leningrader Physikalisch-Technischen

Instituts. Schüler von Röntgen und Initiator der Kernforschung in der UdSSR. Oft als »Vater der sowjetischen Physik« bezeichnet. Bedeutende Arbeiten zur Festkörperphysik.

Kapiza, Pjotr Leonidowitsch (1894–1984), Physiker, von 1921 bis 1934 Schüler und Mitarbeiter Rutherfords, 1934 zum Verbleiben in der Sowjetunion gezwungen. Gründer und Leiter des Moskauer Akademieinstituts für Physikalische Probleme. Hauptsächliche Arbeitsgebiete: Tieftemperaturphysik, Plasmaphysik und Kernfusion. 1978 erhielt er den Nobelpreis für die Entdeckung der Supraflüssigkeit des Heliums. Er widersetzte sich offen Berijas brutalem Stil bei der Koordinierung des Atomprojekts und wurde deshalb von 1946 bis 1953 seines Direktionspostens enthoben und aller Arbeitsmöglichkeiten beraubt.

Kikoin, Isaak Konstantinowitsch (1908–1984), Physiker, einer der wichtigsten Mitarbeiter Kurtschatows beim Atomprojekt. Entwickelte das Diffusionsverfahren zur Isotopentrennung und leitete den Bau der ersten industriellen Trennanlage im sibirischen Kyschtym (nicht weit von Tscheljabinsk) - dem Gegenstück zum amerikanischen Oak Ridge. Später Arbeiten zu Festkörperphysik und Magnetismus.

Koroljow, Sergej Pawlowitsch (1907–1966), Raketenkonstrukteur, Leiter des 1946 parallel zum Atombombenprojekt initiierten Projekts zur Entwicklung weitreichender ballistischer Raketen. Später auch Konstrukteur der sowjetischen Weltraumraketen.

Kurtschatow, Igor Wassiljewitsch (1903–1960), Physiker,

»Vater der sowjetischen Atombombe«. Seit 1932 Arbeiten zur Kernphysik, 1935 Entdeckung der Kernisomerie in Bromisotopen. Seit 1942 Leiter des sowjetischen Atombomben-, später auch des Wasserstoffbombenprojekts. Initiator der internationalen Zusammenarbeit zur kontrollierten Kernfusion.

Lyssenko, Trofim Denissowitsch (1898–1976), Biologe, »Diktator der sowjetischen Biologie« in der Stalinzeit, von 1940-1965 Direktor des Instituts für Genetik der sowjetischen Akademie. Sein intriganter Kampf gegen die wissenschaftliche Genetik führte zur vorläufigen Vernichtung dieses Gebietes in der UdSSR und kostete viele Wissenschaftler das Leben.

Perwuchin, Michail Georgijewitsch (1904–1978), zur Zeit des Uranprojekts Volkskommissar für Chemische Industrie. War ab 1947 für den Bereich der chemischen Technologie im Rahmen des Atombombenprojekts zuständig, insbesondere für die Plutoniumchemie und die Schwerwasserproduktion.

Sababachin, Jewgeni Iwanowitsch (1917–1984), Physiker. Arbeitete zunächst in Arsamas-16, war später Leiter des »Zweiten Objekts« in Tscheljabinsk.

Sacharow, Andrej Dmitrijewitsch (1921–1989), theoretischer Physiker, 1948 von Igor Tamm, dem Leiter der Theorieabteilung des Moskauer Physikalischen Instituts der Akademie, mit Untersuchungen für den Bau einer Wasserstoffbombe beauftragt. Wohnte ab 1950 in Arsamas-16. Neben der Entwicklung von Kernwaffen befaßte er sich mit der friedlichen

Nutzung der Kernfusion. Die Grundzüge zu den drei wichtigsten Verfahren der kontrollierten Kernfusion stammen von ihm. Ab 1965 veröffentlichte er mehrere grundlegende Arbeiten zur Kosmologie. Nach seinem Brief »Gedanken über Fortschritt, friedliche Koexistenz und geistige Freiheit« (1968) wurde Sacharow seiner Arbeit im Geheimsektor enthoben. Für sein Engagement in der Menschenrechtsbewegung wurde ihm 1975 der Friedensnobelpreis verliehen. Von 1980 bis 1986 wurde er nach Gorki verbannt. Von 1987 bis zu seinem Tode war er eine der kritischen Leitfiguren des Umwandlungsprozesses in der UdSSR.

Sawenjagin, Awrami Pawlowitsch (1901–1956), Partei- und Staatsfunktionär, Stellvertreter von Berija, war mit der unmittelbaren Kontrolle und Leitung des Atombombenprojekts beauftragt.

Seldowitsch, Jakow Borissowitsch (1914–1987), theoretischer Physiker. Entwickelte die Theorie der Verbrennungs- und Explosionsprozesse (bei Semjonow), arbeitete später an ihrer Anwendung auf die Kettenreaktion der Kernspaltung (zusammen mit Chariton). Führte entscheidende Berechnungen zum ersten sowjetischen Kernreaktor durch, dann, bereits in Arsamas-16, zur Atom- und Wasserstoffbombe. Nachdem er seit 1953 eine Vielzahl grundlegender Arbeiten auf dem Gebiet der Teilchenphysik veröffentlicht hatte, wandte er sich ab Mitte der sechziger Jahre mit gleichem Erfolg der Kosmologie und der relativistischen Astrophysik zu.

Semjonow, Nikolai Nikolajewitsch (1896–1986), Physikochemiker, erhielt 1946 den Nobelpreis für Chemie. Er lieferte grundlegende Beiträge zur Theorie der Verbrennungs- und Explosionsprozesse sowie zur Theorie der chemischen Kettenreaktionen. Bis Anfang der dreißiger Jahre arbeitete er am Leningrader Polytechnischen Institut, dem auch Chariton angehörte, ab 1931 war er Direktor des Instituts für Chemische Physik. Auf Drängen von Kurtschatow wies er schon 1940 in einem Brief an den Volkskommmissar für Schwerindustrie auf die Möglichkeit hin, eine Atombombe herzustellen.

Stscholkin, Kyrill Iwanowitsch (1911–1968), Physiker, sein Arbeitsgebiet war die Physik der Verbrennungs- und Explosionsprozesse. Arbeitete am Leningrader Institut für Chemische Physik, dann in Arsamas-16 und später an der Moskauer Universität.

Tamm, Igor Jewgenjewitsch (1895–1971), theoretischer Physiker, Gründer und Direktor des Instituts für Physikalische Probleme in Moskau. Arbeitsgebiete: Quantenmechanik, Elektrodynamik, Theorie des Tscherenkoweffekts (Nobelpreis 1958), Theorie der Kernkräfte und Elementarteilchen, Kernfusion. Eine der Leitfiguren des Wasserstoffbombenprojekts.

Wannikow, Boris Lwowitsch (1897–1962), General, nach kurzer Inhaftierung im Zweiten Weltkrieg Volkskommissar für Munition, ab 1946 auch Chef der »Ersten Hauptabteilung« beim Ministerrat der UdSSR, der die Organisation des Atombombenprojekts oblag. Während Igor Kurtschatow so etwas wie der »Robert Oppenheimer des sowjetischen Bombenprojekts« war, läßt sich die Rolle Wannikows mit der von General Leslie Groves beim Manhattan-Projekt vergleichen.

Die Deutsche Bibliothek – CIP-Einheitsaufnahme

Gubarev, Vladimir S.:
Arsamas 16 : Wissenschaftler der geheimen russischen Atomstadt brechen das Schweigen / Wladimir Gubarew. Aus dem Russ. von Susanne Rödel. – Berlin : Verl. Volk und Welt, 1993
Einheitssacht.: Arzamas 16 <dt.>
ISBN 3-353-00987-6

Lektorat: Christina Links
Schutzumschlag-/Einbandgestaltung: Lothar Reher
Gesetzt aus der Times, Linotype
Satz: deutsch-türkischer fotosatz, Berlin
Druck und Bindearbeiten: Offizin Andersen Nexö Leipzig GmbH
Printed in Germany
ISBN 3-353-00987-6